水資源的世界地圖

Atlas mondial de l'eau

保護與共享人類的共同資產
Défendre et partager notre bien commun

大衛・布隆雪／著
David Blanchon

歐瑞麗・勃西耶／製圖
Aurélie Boissière

陳秀萍／譯
國立師範大學地理學系助理教授 李宗祐／審閱

無境文化
方輿 02

水資源的世界地圖

保護與共享
人類的共同資產

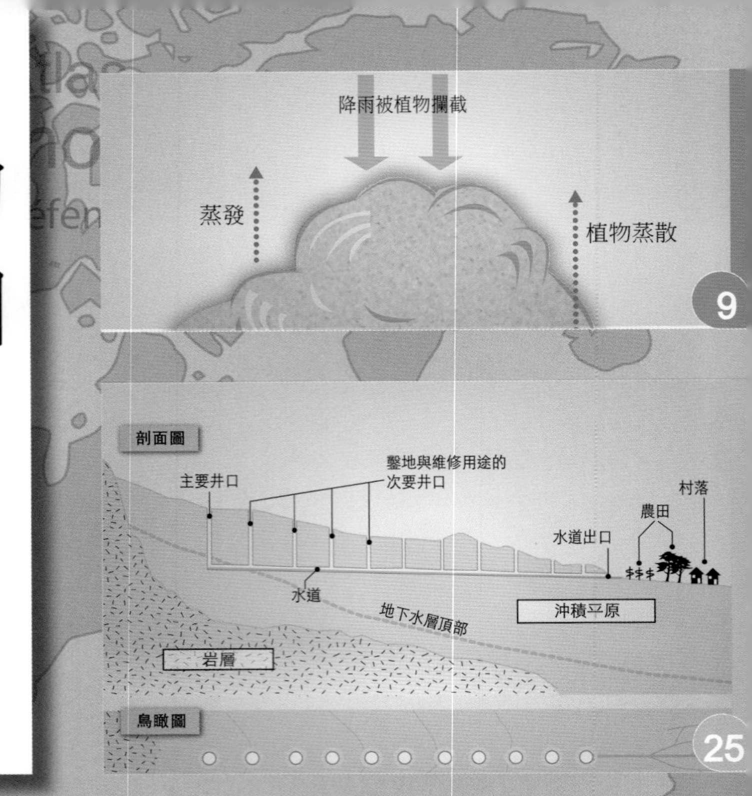

降雨被植物攔截
蒸發
植物蒸散
9
剖面圖
主要井口
鑿地與維修用途的
次要井口
村落
農田
水道出口
水道
地下水層頂部
沖積平原
岩層
鳥瞰圖
25

目次

烏克蘭
阿富汗
中國
伊拉克
摩洛哥
阿爾及利亞
伊朗
尼泊爾
孟加拉
巴基斯坦
緬甸
海地
多明尼加
茅利塔尼亞
塞內加爾
馬利
尼日
查德
蘇丹
葉門
印度
泰國
柬埔寨
維德角
幾內亞比索
奈及利亞
索馬利亞
委內瑞拉
巴拿馬
哥倫比亞
獅子山
賴比瑞亞
象牙海岸
喀麥隆
剛果共和國
剛果民主共和國
肯亞
斯里蘭卡
馬來西亞
厄瓜多
坦尚尼亞
秘魯
巴西
安哥拉
葛摩聯盟
莫三比克
玻利維亞
辛巴威
馬達加斯加
納米比亞
史瓦帝尼
阿根廷
南非
43
過濾系統
砂濾槽
文氏管
濾網
壓力控制閥
聚乙烯毛管
75
蘭州
黃河
西安
中國
南京
三峽大壩
長江
59

43 備受威脅的資源

59 人人有水？

75 21世紀的挑戰是什麼？

附錄

Atlas
mondial de l'eau
Défendre et partager notre bien commun

序言

水的問題，一言以蔽之，就是：世界上超過六億人沒有安全的飲用水；世界上百分之四十的農業生產來自灌溉農業；水生生態系統在自然界的運作中扮演著不可或缺的角色，卻也是最脆弱的環節之一。在未來數十年間，我們必須在不破壞大自然的前提下，一方面提供所有人飲用水，一方面擴大灌溉地區的農業生產量，以同時滿足人口成長與生活水準提高這兩大趨勢。我們必須回應這個具有經濟、社會和環境生態三層意義的挑戰，特別是在貧窮國家，情況又更加緊急。

無可替代的資源

水是最珍貴的物質，與其他星球相較之下，更是地球的「正字標記」，因為水塑造地表、調節氣候（水蒸氣是主要的溫室效應氣體之一），使生命得以滋長。地球上的水資源是相當豐富的：就全世界的尺度來看，並沒有淡水缺乏這件事。所有跟淡水有關的問題，都源於淡水在時間和空間條件下的不平等分配。氣候變化導致接二連三的乾旱和水災，這也凸顯出許多社會對這類現象少有招架之力。但是，即使環境和社會成本高昂，當今沒有任何供水問題是人類技術無法解決的。

調度水資源的能力不一

經過千百年改革後，當今技術已足以建造廣闊無邊的水壩以調節河川、把淡水運載到數百公里之外，或是以比過去更低廉的成本來淡化海水。因此現在國家之間的差別不再是居民平均可分配到多少原水，而是調度這項資源的能力。就全球來說，農業依然是汲取和消耗水源的主要領域，總共使用了將近四分之三的水量；然而，城市用水也正快速成長，尤其是在貧窮國家。不同地區之間、城市與鄉村之間的搶水競賽，在全世界激烈展開。隨著建蓋大型水壩、將淡水輸送到遙遠之處的做法更普遍後，似乎從此水便「流向」了金錢與權力的深坑。

備受威脅的珍貴資源

人類有能力在需要的時候、把水運送到需要的地方，但是因為人類活動屢屢摧殘自然環境，這種科技成就已經不夠了。在二十一世紀初，缺水或水資源耗竭並不是人類最大的挑戰，而是無論在富國還是窮國，水資源品質皆遭到恣意破壞。在世界各角落，水資源品質都拉著警報。在眾多灌溉地區，雖然還不到鹹海那種災難性程度，卻都存在著令人擔憂的淡水鹹化現象，並嚴重影響當地產業。在許多貧窮國家，大都市的汙水跟工業廢水的命運相同，都只經過草率的處理。在富裕國家，即使龐大的投資都用來處理工業和都市的水汙染，水生生態系統仍同時承受著農業密集生產所導致的非點源汙染（例如硝酸鹽、磷酸鹽和殺蟲劑）以及累積性汙染，例如隆河（Rhône）和其他歐洲河川裡的多氯聯苯（PCB）[1]。最終，這些汙染都將反過來危害百萬人民的健康。

人人有水？

建蓋用以生產、輸送和處理用水的水利設施，往往需要龐大投資。這些成本都更加擴大了城鄉之間和各城市之間水資源不平等的問題。這些不平等凸顯了社會落差（例如，成千上萬沒有足以維生的飲用水或是衛生設施的人，也都是最貧窮的人）以及兩性差異（每天花很長時間去提水的不是女人就是小女生），並使之更加嚴重。因此，在貧窮國家的大都會裡，窮人付的水費比富人還貴，而這些富有的人享受著跟歐洲相同的自來水設施。

這些不平等與水的可用量沒有關係（與農業用水相較之下，家庭用水的量是很小的），而是因為缺乏投資，加上忽視弱勢居民的需求。為了讓每個人都有水可用，財源在未來幾年將是最關鍵的問題：誰應該資助新的輸送網路（國家、鄉鎮市政府、私人企業，或者末端消費者）？水費的制定標準何在？在某些國家，例如南非，一些創新的解決方式已經正式施行，好讓每個人能免費獲得基本用水，人人有水的權利也能從憲法宣示化為真實。水資源的商業操作也是一個問題，畢竟從水在世界各地的象徵價值和文化價值可知，這項資源是無可替代的。

遠景何在？

2008年時，有一場標題為「悲觀還是樂觀——如何期待未來二十年的水政策？」的研討會。與會悲觀者指出，水資源品質將持續受到破壞，貧窮國家的「水力貧困」不會好轉，聯合國的千禧年發展目標雖然很保守卻也無法達成。樂觀者則提醒與會者，灌溉、處理和回收汙水等技術不斷推陳出新，而且新的管理方法更加有效率，既減少需求也降低了影響生態的程度。這一切端賴以整個國家內部和國際之間的團結合作為後盾的政策選擇：要讓每個人都有水的話，需要每年一千億美元的經費，這相當於全球軍事支出的十分之一。不過，要使這項投資達到預期的結果，則必須結合嶄新的用水文化，也就是更精打細算、更注重平等、依照人民的真正需求來量身訂製方針。每個地區的水資源危機都有自身不同的緣由，其解決過程，無疑地將立基於具地方色彩、合作性和非強制性的新策略：這就是讓人人有水的夢想在二十一世紀成真的關鍵。

[1] 譯者注：
多氯聯苯法文全名為polychlorobiphényles或是biphényles polychlorés（BPC）。中文也稱之為多氯聯二苯。

Atlas
mondial de l'eau
Défendre et partager notre bien commun

無可替代的資源

水在我們的星球上是最充沛的：即使地球上97.5%的水是鹹的，淡水的儲存量仍相當可觀，遠超過四千萬立方公里。然而，其中只有占比不高的流水屬於可循環更新、真正供給生態系統運作和人類使用的水資源。這些流水在地表上的分布很不均勻，在不同的時間點也有很大的差異。例如所有流水都受到氣候變化的影響，只是程度各異，在乾季與雨季之間、不同年度之間都會有所不同。不過這些現象在熱帶地區的變化是最明顯的。若將時間幅度拉長，將可發現長期乾旱或多雨的現象亦有其週期，但是對其成因和規律我們所知有限。

降雨和水流量在時間和空間上的變化，說明了整個水資源環境為何如此多樣而豐富，但又脆弱不堪。

豐沛但分布極為不均的資源

藍色地球上97.5%的水是鹹的，剩下來的那2.5%，絕大部分都被鎖在兩個大陸冰川中（南極和格陵蘭），可輕易取用的淡水（河水、地下水）只占全球水藏量的0.7%，其中每年可循環更新的比例還更低（0.02%）。不過，這依然相當於超過四萬立方公里的存量（即5,700立方公尺／人／年），足以滿足人類需求和維持生態系統運作。地球上水的問題未必是整體儲量大小的問題，毋寧是地理分布和社會分配不平等的問題。

水是不容易取得的資源

絕大部分的淡水都集中在南極冰層（相當於2,800萬立方公里）和格陵蘭冰層（260萬立方公里）。就當今的科學知識和技術而言，這些淡水都是無法利用的。剩下來的，便是地下水和地表水了。以地下水來說，其全部藏量有將近1,050萬立方公里，各大洲的分布比例相當均勻，但通常不容易取得。地表水藏量的差異，往往是因為有無廣大湖泊的關係。北美洲的淡水含量是南美洲的十倍，就是因為位於美國和加拿大交界處的五大湖。由於地表水的更新週期短，所以取得利用最容易。

就水資源的管理角度來看，重點比較不在於藏量大小的問題（當然我們不該忘記這些都是天文數字），而比較是水資源流量的問題。

湖泊是地表最大的淡水水庫

地表上主要的淡水都儲存於湖泊（123,000立方公里），至於每瞬間蘊藏於河川（1,300立方公里）、大氣層和生物圈內的淡水容量，在此略而不論。

地表湖泊的總數很難確定：光是加拿大一處，便計有三萬個三平方公里以上的大小湖泊。有些湖泊，像是俄羅斯的貝加爾湖和一些位於非洲、美洲的大型湖泊，根本就是不折不扣的內海，其面積足以影響周遭地區的氣候。此外，有四萬座以上的人工湖位於高度超過十五公尺以上的水壩的後方，還有無數容積更小的人工儲水建設，對水資源循環同樣有著不可輕忽的影響力。

最後，在沒有出海口的乾燥區域，因為蒸發的關係，水的含鹽量提高而形成了鹹水湖，例如死海、猶他州的大鹽湖和撒哈拉沙漠的鹽湖區。

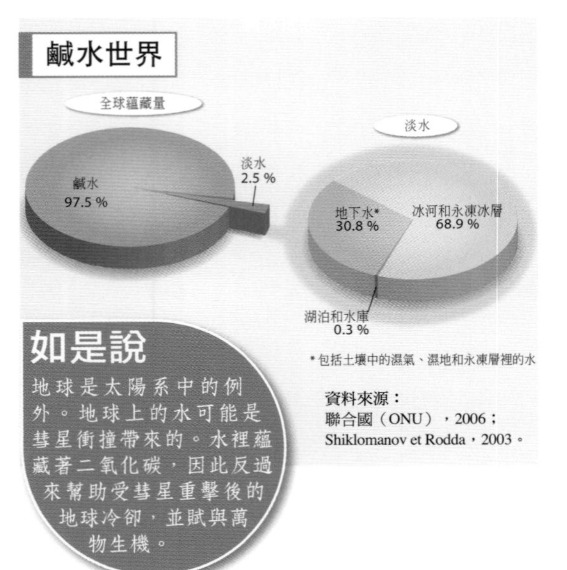
鹹水世界
全球蘊藏量
鹹水
97.5 %
淡水
2.5 %
淡水
地下水*
30.8 %
冰河和永凍冰層
68.9 %
湖泊和水庫
0.3 %
*包括土壤中的濕氣、濕地和永凍層裡的水

資料來源：
聯合國（ONU），2006；
Shiklomanov et Rodda，2003。

如是說

地球是太陽系中的例外。地球上的水可能是彗星衝撞帶來的。水裡蘊藏著二氧化碳，因此反過來幫助受彗星重擊後的地球冷卻，並賦與萬物生機。

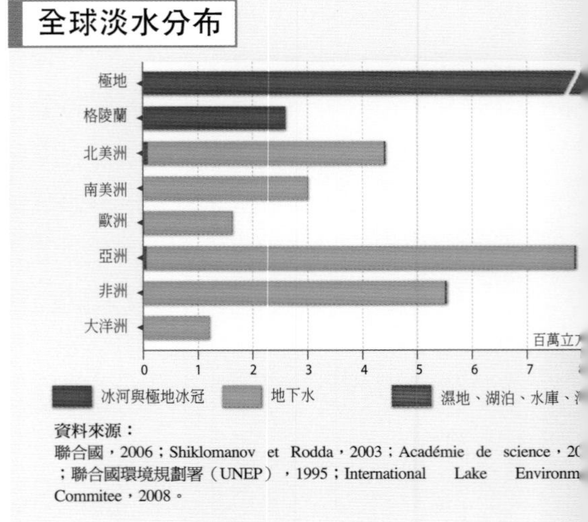
全球淡水分布
極地
格陵蘭
北美洲
南美洲
歐洲
亞洲
非洲
大洋洲
百萬立方
0
1
2
3
4
5
6
7
冰河與極地冰冠
地下水
濕地、湖泊、水庫、

資料來源：
聯合國，2006；Shiklomanov et Rodda，2003；Académie de science，20
；聯合國環境規劃署（UNEP），1995；International Lake Environm
Commitee，2008。

冰雪圈

冰雪圈在水循環上扮演著極為重要的角色。在不同的地質年代，冰雪圈的範圍有大有小，且對海平面的高低影響極大。在最後一個冰河時期的末期，也就是大約一萬八千年前，加拿大和斯堪地那維亞半島地區各有一個極大的冰原，蘊藏了3,000到3,400萬立方公里的水，於是當時的海平面降低了120公尺。後來，這些冰原的融化則使海平面在極短的時間內升高。那時，單只是格陵蘭的融雪便讓海平面升高了7公尺。

縮小範圍來說，山區的冰河也具有調節功能。相較於格陵蘭和南極，山區的冰河是小巫見大巫，但阿爾卑斯山的冰河仍佔了3,000平方公里的面積，也是隆河、萊茵河（Rhin），或是波河（Pô）等大型河川夏季流量的主要來源。至於雪，地球每年將近六個月長的時間、20%的陸地面積都被雪覆蓋，每年被雪覆蓋達三個月的地區則占三分之一的陸地面積（幾乎整個歐亞大陸的北方，以及絕大部分的北美洲地區）。因此，雪同樣具有調節水循環的重要作用。

最後是整個冰雪圈的最後一環：極大容量的地下水被凍存於極地的地層下，尤其是在西伯利亞地區和加拿大，另一部份則在西藏高原上。這些永凍層佔據20%的陸地面積，其厚度可高達500公尺之深。

水循環週期的地理分布

就整個地球來說，提供水源的地區，也就是蒸發比降水更顯著強烈的區域，分布在南北緯20度的太平洋和大西洋上，以及印度洋南方、紅海和波斯灣一帶。「進帳的」陸地區域，也就是最常降雨的地方，則主要分布於赤道區，還有緯度20度至40度之間的大陸東方沿海（中國與美國），以及更往北（即緯度40到60度）的西方沿海（西歐與加拿大）。

不待多言，地球上降雨量最大的地帶，就是海洋這個「水源地」產生的水蒸氣與高山屏障相衝擊的地區。乞拉朋吉（Cherrapunji，位於印度）的情況正是如此，在那裡，來自印度洋溫暖又潮濕的水氣迎面對衝喜瑪拉雅山。這使得當地每年有12公尺的降雨量。與之相反的，就是橫跨北回歸線（撒哈拉沙漠和北美西部沙漠）和南回歸線（非洲南部的納米比亞及喀拉哈里沙漠、澳洲的沙漠、南美的阿塔卡瑪沙漠）的兩大沙漠地區。中亞由於距海遙遠，所以也是雨量稀少。這些降雨量低於200毫米的乾燥地區，被年雨量200到400毫米的半乾燥地區環繞著。最後，相對而言，南北極地的降水量也很低，且通常是降雪。

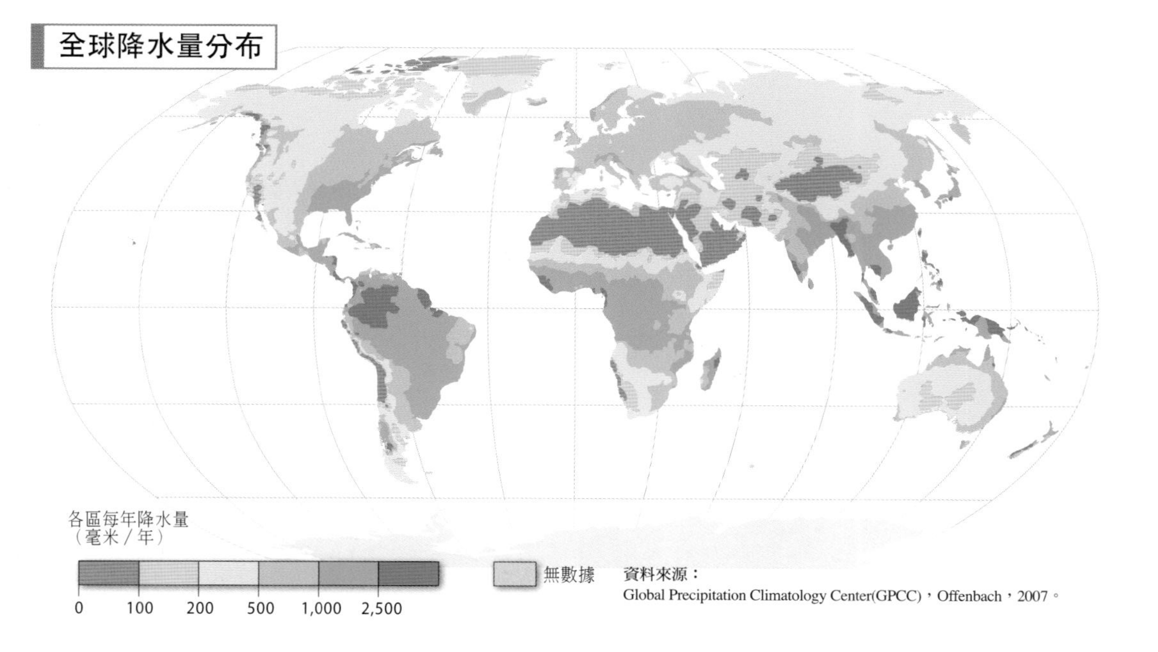

全球降水量分布
各區每年降水量
（毫米／年）
0
100
200
500
1,000
2,500
無數據
資料來源：
Global Precipitation Climatology Center(GPCC)，Offenbach，2007。

地球上的水循環

有兩類數據是理解各階段水循環所必須的：流量的強度和儲存或是停留的時間。以極地的冰來說，其停留時間可長達數十萬年；以海洋來說，其蒸發和降雨的週期可能只有幾個小時。太陽光能是水循環的動力來源。海水的蒸發，大氣層裡的水氣轉移（停留時間很少超過一個星期），還有陸地降雨與逕流，都是水循環的重要環節。

維繫生命的水循環

在太陽照射下，每年有502,800立方公里的水從海洋蒸發。其中絕大部分又以降雨形式重回海洋，10%左右的量則以水蒸氣的形式移動到陸地上空。一旦溫度和壓力條件符合時，就凝結降落地表（化作雨水或是雪）。

這些降落地表的水中，60%的量很快又因為開放水域（河川和湖泊）蒸發的關係，或是動植物的蒸散作用而重回大氣層——因此這些陸地上的小循環也不可忽視。這些「新鮮沒有經過處理」的水[2]是生態運作的必要成分，且無論是濕地或森林都一樣。這些原水也就地供給靠天吃飯的雨養農業和畜牧所需。

剩下40%的降水很快就匯流到河川裡，並在河川中儲存數天。只有極微小的一部分深入滲透到地下水層，不過，在那裡的儲存時間將會很久，整體儲量也更可觀。一般所謂「藍色的水」（eaux bleues），就是指沒有蒸發、然後潺流到河川或是滲透到地下水層的雨水。

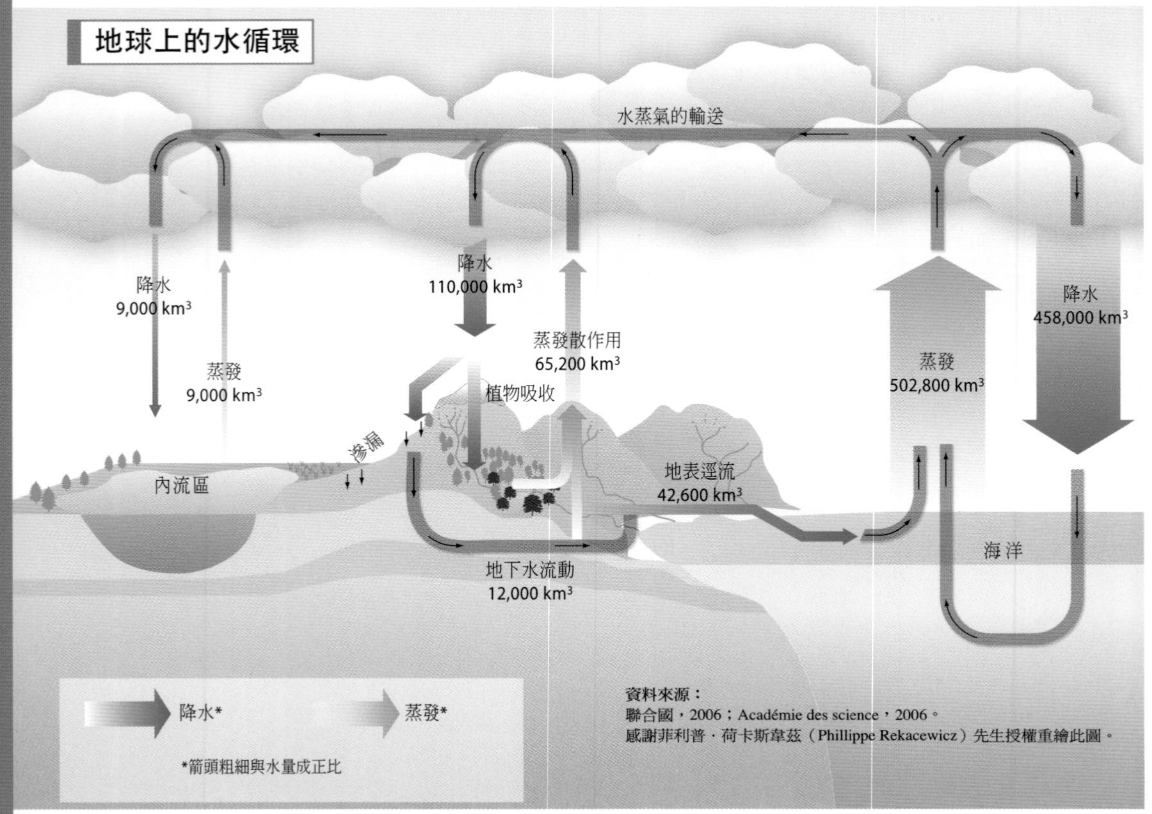
地球上的水循環
水蒸氣的輸送
降水
9,000 km³
蒸發
9,000 km³
降水
110,000 km³
蒸發散作用
65,200 km³
植物吸收
滲漏
內流區
地表逕流
42,600 km³
地下水流動
12,000 km³
蒸發
502,800 km³
降水
458,000 km³
海洋
降水*
蒸發*
*箭頭粗細與水量成正比
資料來源：
聯合國，2006；Académie des science，2006。
感謝菲利普．荷卡斯韋茲（Phillippe Rekacewicz）先生授權重繪此圖。

[2] 譯者注：
法文原文為eau “verte”，意即綠色的水。法文裡綠色有尚未成熟、未經過加工、新鮮、未乾等引申義。

土層和植物的角色

以整體的視角來檢視全球的水循環，只能得到一種非常簡約的印象。這是因為全球性循環其實是包括了數不清的地方性循環，與每個地方的流域特性都息息相關。如右圖所示，當我們以一種地方層次來思考這個問題時，土層和植物所扮演的角色立即凸顯出來，因為它們攔截降水、有助水的蒸發散，並將水保存在土層中。

這些建立在繁複互動體系上的「在地水文」（terroir hydrologique）往往脆弱不堪，尤其是在熱帶地區。我們都知道，一旦人類活動影響植被，例如砍伐森林，通常足以明顯改變整個地區的水循環。

水為大地塑形

水在地表地貌的形塑上扮演著重要角色，它是侵蝕、搬運和沉積作用的營力。地表上所有的景觀都是水塑造出來的。河川與冰河的凍結與侵蝕造就了高大的山嶺。河川每年共運載150到300億噸的沉積物到海洋裡。在侵蝕作用最顯著的地區，河川裡的固體沉積物可達到極為可觀的數量：黃河的數值為每公升26,000毫克（塞納河則為每公升85毫克），這也是它被稱為黃色河川的緣故。從喜瑪拉雅山區流出的河川所載運的懸浮物也很多（恆河和印度河都高達每公升1,000毫克以上），證明河川上游流域的沖蝕程度很劇烈。相反的，亞馬遜河流域（186毫克／公升）和剛果河流域（32毫克／公升）的沉積物都不多：這不是因為水的作用力不顯著——在這些炎熱又潮濕的地區，河水可在數公尺的距離內使岩石碎裂——而是因為森林保護了地表，使之不受降雨的沖刷，並阻擋了流動的沉積物。

此種水文循環與沉積物循環之間的相關性，說明了為何人類介入沉積物循環的效應，包含使之加速或是減速，往往會比介入整體水循環的效應還更顯著。例如砍伐森林經常使山坡地的侵蝕加速，相反的，建造水壩則會讓沉積物留滯原地。

如是說

「一條小溪的歷史是沒有止盡的故事。這些亮晶晶的水滴穿透了花崗石、石灰岩和黏土；它們曾經是飄落在冰冷山區的雪花，漂流於雲海中的水分子……」

——法國地理學家艾利榭．瑞科律（Élisée Reclus）

植物的角色

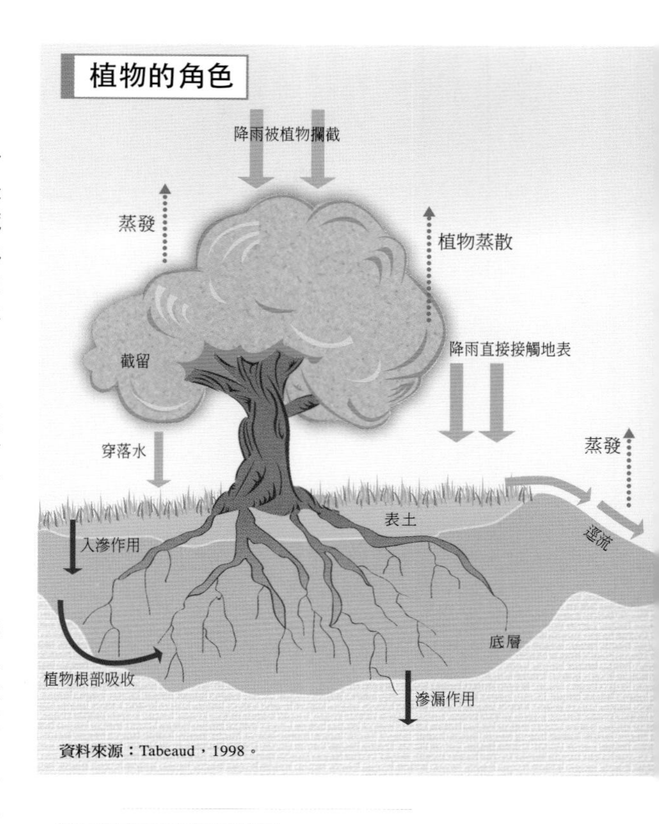
降雨被植物攔截
蒸發
植物蒸散
截留
降雨直接接觸地表
穿落水
蒸發
表土
逕流
入滲作用
底層
植物根部吸收
滲漏作用

資料來源：Tabeaud，1998。

水停留的時間

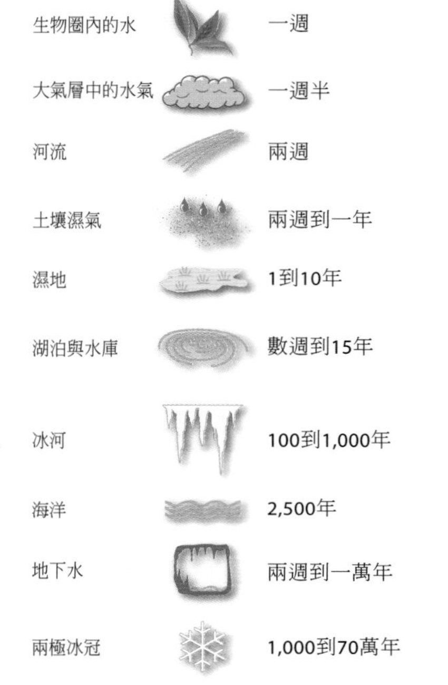
生物圈內的水 一週
大氣層中的水氣 一週半
河流 兩週
土壤濕氣 兩週到一年
濕地 1到10年
湖泊與水庫 數週到15年
冰河 100到1,000年
海洋 2,500年
地下水 兩週到一萬年
兩極冰冠 1,000到70萬年

資料來源：Shiklomanov et Rodda，2003；Vigneau，1996。

大型流域

流域是陸地上水流循環的基本單位，也是流水的科學研究基礎項目，同時逐漸被視為河川管理的基本單位。一塊塊大型流域組成覆蓋著所有大陸的拼圖。一條河川的流域可切割出屬於各支流的支流域，然後再細分出屬於更小支流的次級流域，如此直到最基本的流水單位，例如：杜河（Doubs）流域是紹恩河（Saône）流域的一部分，紹恩河流域又是隆河流域的一部分。河川流域的大小不盡相同，最廣闊的可如亞馬遜河，達數百萬平方公里之譜。

流域：了解水循環的基本單位

一般都將流域定義為一種地形區（即集水區，impluvium），在這個區域內，所有降水都流向同一個出口。不同的流域以分水嶺作分野。流域也包括了地下水層，不過，地下水層的範圍界定有時會與地表上的流域不同。我們一般區分內流區與外流區兩種型態，內流區就是水不流向海洋的區域，共佔地表11%的面積。

河川流域的地貌形勢、它與降水流向的位置關係、所覆蓋的植被，以及決定它有無地下水層的地質結構，都是有助了解水資源供應量大小的關鍵因素。其多種組成的可能性，造就了千變萬化的「在地水文」和同樣多變的流域型態。

世界主要河川流域

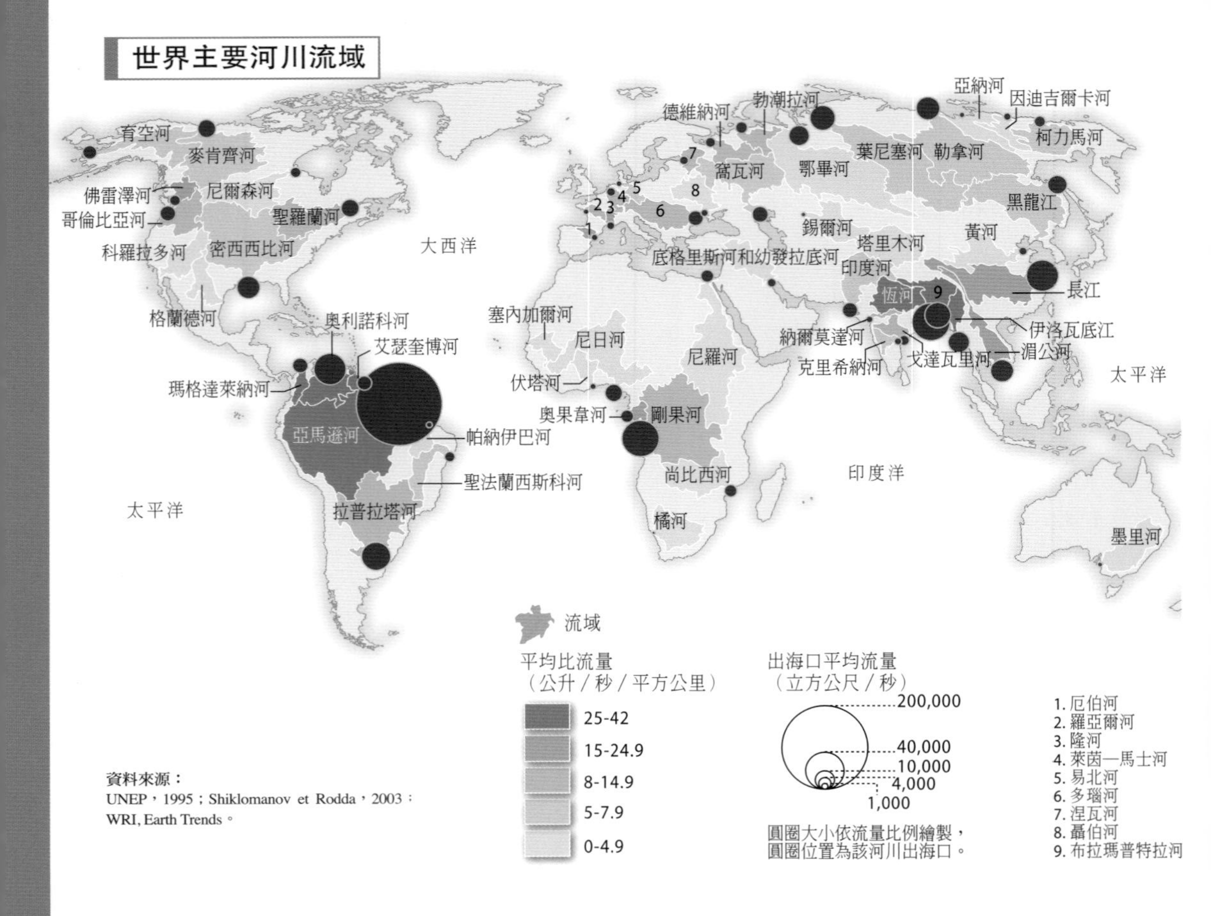

育空河
麥肯齊河
佛雷澤河
哥倫比亞河
尼爾森河
聖羅蘭河
科羅拉多河
密西西比河
格蘭德河
大西洋
奧利諾科河
艾瑟奎博河
瑪格達萊納河
亞馬遜河
帕納伊巴河
聖法蘭西斯科河
拉普拉塔河
太平洋
塞內加爾河
尼日河
伏塔河
奧果韋河
剛果河
尼羅河
尚比西河
橘河
印度洋
德維納河
勒潮拉河
窩瓦河
鄂畢河
葉尼塞河
勒拿河
亞納河
因迪吉爾卡河
柯力馬河
黑龍江
錫爾河
塔里木河
黃河
底格里斯河和幼發拉底河
印度河
恆河
長江
伊洛瓦底江
湄公河
納爾莫達河
克里希納河
戈達瓦里河
太平洋
墨里河
1 2 3 4 5 6 7 8 9
流域
平均比流量
（公升／秒／平方公里）
25-42
15-24.9
8-14.9
5-7.9
0-4.9
出海口平均流量
（立方公尺／秒）
200,000
40,000
10,000
4,000
1,000
圓圈大小依流量比例繪製，
圓圈位置為該河川出海口。
1. 厄伯河
2. 羅亞爾河
3. 隆河
4. 萊茵—馬士河
5. 易北河
6. 多瑙河
7. 涅瓦河
8. 聶伯河
9. 布拉瑪普特拉河

資料來源：
UNEP，1995；Shiklomanov et Rodda，2003；WRI, Earth Trends。

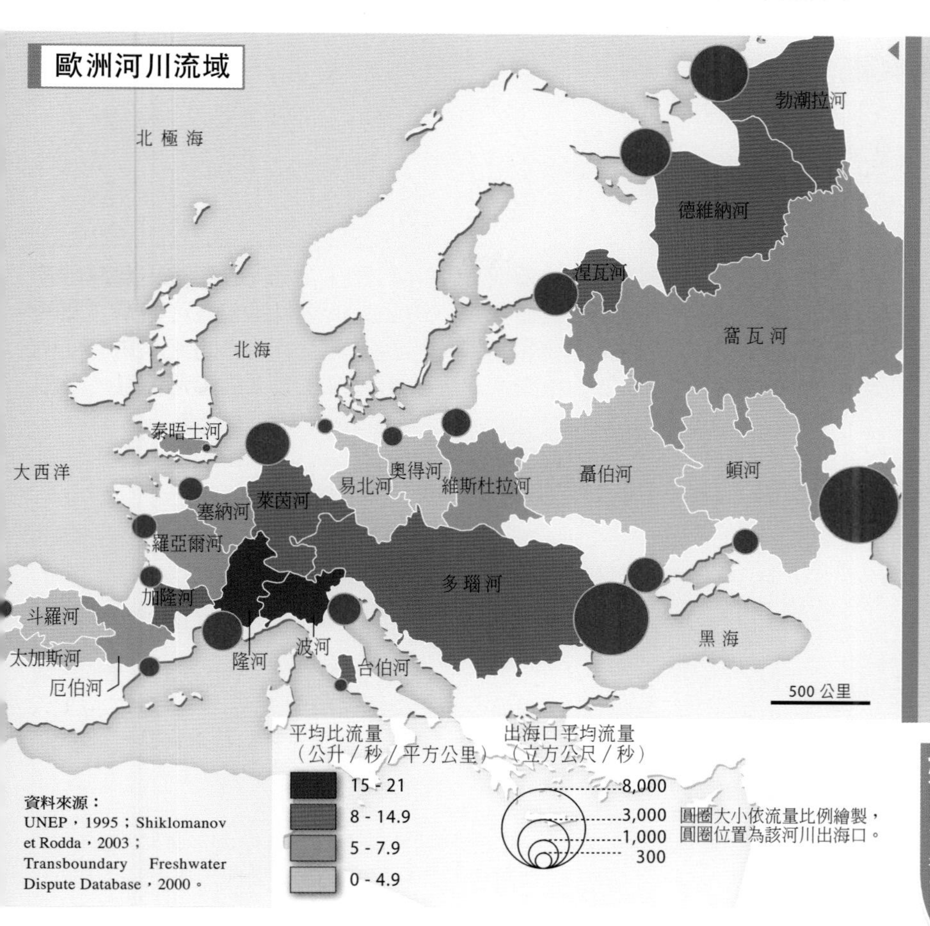
歐洲河川流域
北極海
勃潮拉河
德維納河
涅瓦河
窩瓦河
北海
泰晤士河
大西洋
奧得河
易北河
維斯杜拉河
聶伯河
頓河
萊茵河
塞納河
羅亞爾河
多瑙河
加隆河
斗羅河
太加斯河
厄伯河
隆河
波河
台伯河
黑海
500 公里
平均比流量
（公升／秒／平方公里）
15 - 21
8 - 14.9
5 - 7.9
0 - 4.9
出海口平均流量
（立方公尺／秒）
8,000
3,000
1,000
300
圓圈大小依流量比例繪製，
圓圈位置為該河川出海口。
資料來源：
UNEP，1995；Shiklomanov et Rodda，2003；
Transboundary Freshwater Dispute Database，2000。

如拼圖般的流域

歐洲沒有無水區（zone aréique），不過歐洲大陸的東部因為窩瓦河流入裏海之故，所以出現內流河。源出阿爾卑斯山的河川，例如隆河和波河，擁有最高的比流量，超過 15 公升／秒／平方公里。相較之下，流向海洋的江河，例如泰晤士河和塞納河，其比流量較微弱，在 5 至 7 公升／秒／平方公里之間。以河川流域的規模而言，最重要的兩條河川便是窩瓦河（出海口流量為 8,000 立方公尺／秒）和多瑙河（7,000 立方公尺／秒）。除了德維納河和勃潮拉河之外，歐洲河川的特徵是它們很早就經過整治，且經常是主要的交通幹道。歐洲最大的城市往往位於河岸邊。

如是說

1964年起，法國依據水資源管理法創設了河川流域管理機構，以便善用水資源。此一模式當今已處處可見：幾乎所有的大型河川都有以流域為單位的管理機構。

世界上主要的流域

一般用三個指標來比較河川流域：年逕流量（立方公里／年）或歷年年平均流量（立方公尺／秒）；流域面積；以及比流量，係以流量除以面積得出，單位為公升／秒／平方公里。

比流量（débit spécifique）：
這項指數可用來比較流域面積不一的河流。例如尼羅河的流域相當廣闊，但是由於它流經的地區降雨量很小，出海口的流量相對微弱，所以比流量就不是很大。巨大的河川都是同時結合了遼闊的面積和強大的比流量，例如亞馬遜河（出海口流量為185,000立方公尺／秒）、剛果河（42,000立方公尺／秒）、長江（34,000立方公尺／秒）以及恆河（16,000立方公尺／秒）。長江和恆河都是上億居民的維生動脈，亞馬遜河和剛果河則是「無人之河」。

含沙量（charge sédimentaire）：
河川流域之間的差別，也可以用所運載的沉積物來做比較。這些物質或是溶在水中、或是懸浮水中（這種沉積物由細沙和河泥所組成，是決定流水混濁度的主因），如果是比較粗大的物質（卵石或砂礫），則通常在水中滾動。中國的黃河就因為從中游高原沖刷下來的黃土而變得極為混濁。黃河每立方公尺有34公斤的懸浮物質，含沙量是科羅拉多河的三倍、尼羅河的二十多倍。一般而言，穿過乾燥和半乾燥地區的河川，其懸浮物含量都很高，若是赤道和溫帶地區的流水，除非在山區，否則其含沙比例偏低。例如巴黎塞納河夾帶的懸浮物每立方公尺小於0.2公斤，亞馬遜河運載的含沙量則在每立方公尺0.5公斤（枯水期）到1.5公斤（豐水期）之間。

流域是合適的水資源管理單位：
水和沉積物在流域中的流動，都說明了維護生態環境對維持流域內的生物多樣性相當重要。這也同時說明，為何如今流域被視為水資源管理最恰當的「天然」單位。自二十多年前起，以法國水資源管理局（成立於1964年）為楷模的流域管理機構越來越多，跨越國境的大型河川之相關單位也是依此模式。國際流域組織網絡（Réseau international des organismes de bassin，Riob）至今共計有134個成員，來自51個國家。

地下水

相較於地表的水資源來說，地下水源鮮為人知，準確地估計其儲存量也頗為困難。地下水是整個水循環過程中「隱形」的一部分，但至少有一千萬立方公里。聯合國指出，世界上四分之一人口的日常用水仰賴著地下水源。地下水是很可靠的資源，即使汙染速度加快中，但相對的，至今還沒有太多汙染。不過，超抽地下水則使一些極脆弱的地下水層備受威脅。

從逕流到廣闊的含水層

降雨若未匯聚成流，便會先滲入地下。地層所能負載的最大含水量稱之為田間含水量（capacité au champ）。這些儲水首先被植物的根部吸收（有效水份含量，réserve utile）：其中一部分因為植物的水氣蒸散作用而重回到大氣層，另一部分卻會滲漏到地下較深的地方，並匯流到地下水層。

水流進地下水層後，通常是先停留在所謂具透水性的岩層空隙中。然後，這些水就垂直地滲入地下，直到接觸不透水的岩層為止，這個不透水的岩層就是地下水層的底部。當具透水性的地層與地表接觸時，稱之為自由含水層。當不透水的地層覆蓋在透水層的上方時，此地層稱之為受壓含水層。一個地下水層的容量，決定於岩層的孔隙率和各地層的範圍大小。地下水層可以小至數立方公尺、大到上千立方公里：在南美洲，瓜蘭尼含水層（aquifère du Guarani）分布於四個國家（巴西、巴拉圭、烏拉圭、阿根廷），蘊藏了將近四萬立方公里的水量，總面積為120萬平方公里。

兩個主要因素可決定是否開發地下水：

一是整個地質結構的複雜性，二是補注的速度，而這個速度通常以每年有多少毫米來表示。在範圍廣闊的沉積盆地，例如巴黎盆地或是亞奎丹盆地（Bassin aquitain），沉積層的堆積結構不是很複雜，含水層便可能很寬闊，而且容易開發。例如波爾多市大部分的飲用水（每年1.5億立方公尺）便來自於四個地下深處的含水層。也就是說，在那裡人們飲用的是數千年前傾洩在貝里果地區（Périgord）、在地下含水層裡流竄、最後流入吉宏德河（Gironde）的雨水。反之，若開發結構複雜的含水層或是補注速度很緩慢的含水層時，往往很快就會遇上重重問題。

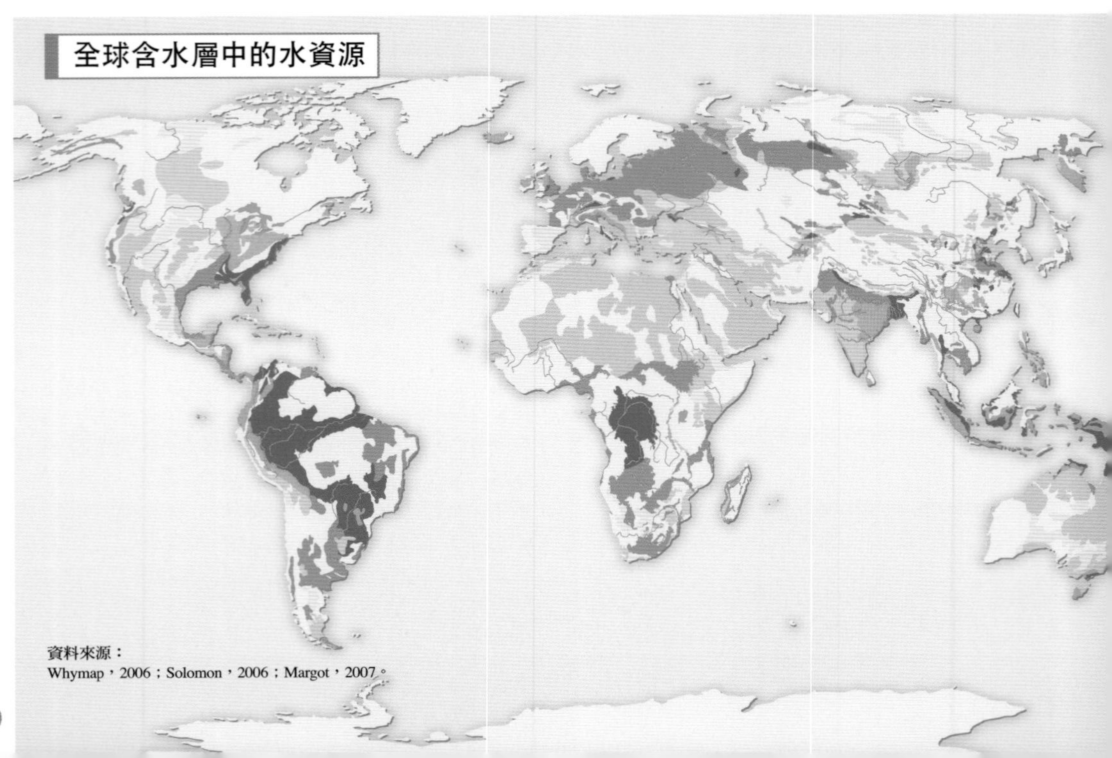
全球含水層中的水資源

資料來源：
Whymap，2006；Solomon，2006；Margot，2007。

喀斯特地形：脆弱的自然資源

當雨水澆落在碳酸岩（石灰岩、白堊岩、白雲石等）上，這些水可能在地表雕塑出令人詫異的地貌，或是以溶解的力量在地底下造出或可長達數百公里的迴路。這種喀斯特地形（得名自斯洛維尼亞某一地區）在全世界到處可見，例如在法國可見於貝里果地區，即著名的拉斯科洞窟（grottes de Lascaux）所在地；越南下龍灣的喀斯特則呈小塔狀，正是典型的熱帶地區喀斯特地形，後因海平面上漲而浸入水中。

在喀斯特地區，地表上的水系通常不明顯，這是因為水很快就滲入地下。水在碳酸岩層中穿梭，鑽鑿出不折不扣的地下水系。這些水遇到不透水層後便會湧出，形成喀斯特泉（水源可能來自岩層本身或是伏流的再現）：法國楓丹．德．沃客呂斯（Fontaine-de-Vaucluse）的泉水即為一例。喀斯特地區許多水流都有此種特性，所以有時是因為偵測到某個再現泉遭到汙染，研究其成因後，才有機會勾勒出完整的喀斯特水系圖。杜河和盧河（Loue）之間的關係得以在1901年建立，便是因為位於杜河上游朋塔利耶市（Pontarlier）的貝爾諾工廠（Pernod）失火後，在向來被認為是盧河水源的泉水中發現殘留了染料與苦艾的成份。

喀斯特地形的水資源和地表水一樣相當脆弱，甚至更難處理，因為汙染源有時來自很遙遠的地方，擴散四地、難以辨識。例如法國諾曼第地區（Normandie）和皮喀第地區（Picardie）的白堊含水層，都因為過去的工業和都市廢水而受汙染，其影響直到今天依然存在，目前又因為密集農業所使用的殺蟲藥劑和肥料而持續受到汙染。

如是說

世界上超過20億人口以地下水作為飲用水源，並用來灌溉農作。

重要含水層區

- 補注量豐沛（每年高於150毫米）
- 補注量中等（每年15 -150毫米）
- 補注量微弱（每年低於15毫米）

結構複雜的含水層區（水文地質結構）

- 補注量豐沛（每年高於150毫米）
- 補注量中等（每年15 -150毫米）
- 補注量微弱（每年低於15毫米）

有局部淺層含水層的地區

大型河川

主要湖泊

喀斯特地形的水循環

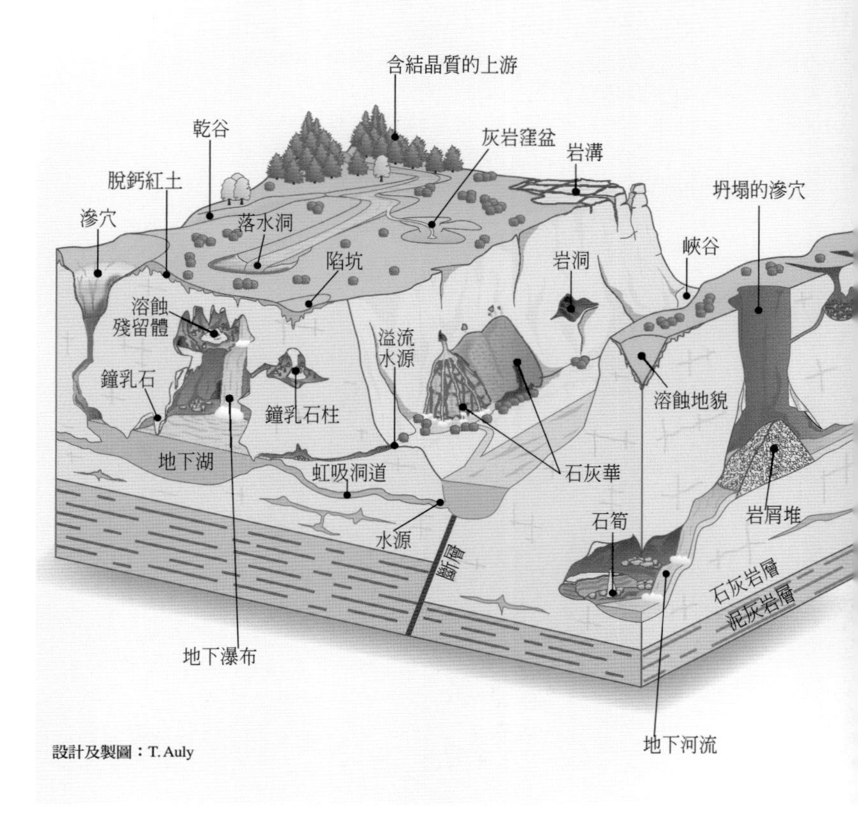
含結晶質的上游
乾谷
灰岩窪盆
岩溝
脫鈣紅土
坍塌的滲穴
滲穴
落水洞
峽谷
陷坑
岩洞
溶蝕殘留體
溢流水源
鐘乳石
溶蝕地貌
鐘乳石柱
地下湖
虹吸洞道
石灰華
岩屑堆
水源
石筍
斷層
石灰岩層
泥灰岩層
地下瀑布
地下河流

設計及製圖：T. Auly

高水位與低水位

一個國家或一個河川流域的水資源，通常以年平均量來表示。不過，事實上，以實務管理的角度來看，這種數字沒有太多意義。應該考量的是在一既定時間點上的可用水量。此一瞬時流量相當於降雨量和蒸發散量的差額，並需考量儲水量此一變數（主要指地下水層和湖泊）。儲水量越大時，高低水位之間的差別就會越小，河況（régime）也越穩定：原則上，河川的管理也將更容易。

各種河況

每條河川因為降雨週期及其「在地水文」而產生特定的週期。然而，就大尺度的氣候範圍來看，降雨週期這項條件具有決定性的影響力，足以用來定義河況的主要類型。

例如，熱帶地區的河況特徵是夏季豪雨、冬季明顯枯水。相反的，地中海類型是夏季枯水，春秋兩季水位高漲。這兩種類型的高低水位變化都很劇烈。赤道地區的河川則比較穩定：以亞馬遜河為例，兩個最極端的月份之間的差異，只在一到兩倍之間；加彭境內蘭巴雷內地區（Lambaréné）的奧果韋河（Ogoué），差距則在一到三倍之間。同樣的，處於海洋性氣候的河川，像是索母河（Somme）或是塞納河，就明顯地比地中海地區的瓜達幾維河（Guadalquivir）還更穩定。一般說來，高緯度地區的河川，像是西伯利亞地區的科力馬河（Kolyma），其水位也會受氣溫的影響：從十一月到四月的冬季期間，因為冰雪滯留和結凍的緣故，流量幾乎為零，但五月或是六月時又因冰雪解凍而使水位一夕暴漲。當然，因為流域的地形地勢、湖泊的儲水量大小、乃至是否有地下含水層可支撐河川流量，都會促成諸多特殊情形，而使水文類型更複雜。最後，河川的月流量係數（coefficient mensuel de débit，CMD）也不足以說明所有水文的樣貌。若要計算河川的穩定狀態，也可以利用低水位（最「枯竭」的那十天）和高水位（平均每年有十天高於此數值）兩者的比值。若用這種計算方式，海洋和地中海型兩種氣候的河況差異就更清楚：海洋型氣候的河川（如巴黎的塞納河）比值在1到10之間，地中海型氣候的河川卻可高達1到100的差距。

如是說

「埃及遍地必來七個大豐年，隨後又要來七個荒年，甚至埃及地都忘了先前的豐收，全地必被饑荒所滅。」
——創世紀，第41章
（中文和合本）

主要河況類型

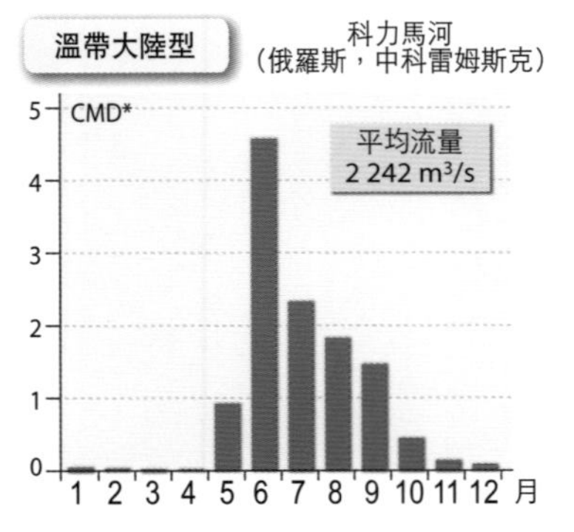
溫帶大陸型
科力馬河
（俄羅斯，中科雷姆斯克）
CMD*
平均流量
2 242 m³/s
0
1
2
3
4
5
1 2 3 4 5 6 7 8 9 10 11 12 月

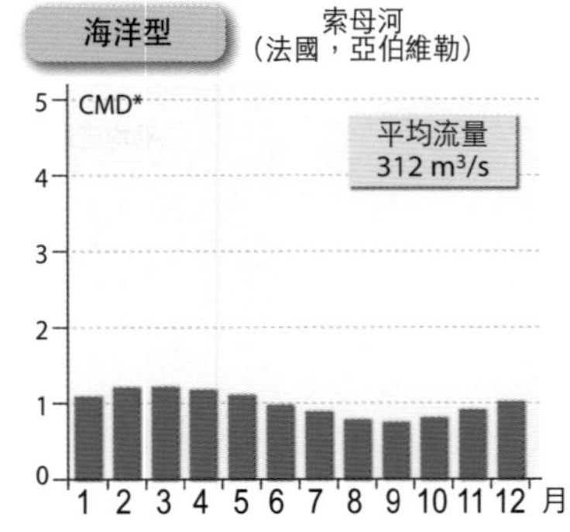
海洋型
索母河
（法國，亞伯維勒）
CMD*
平均流量
312 m³/s
0
1
2
3
4
5
1 2 3 4 5 6 7 8 9 10 11 12 月

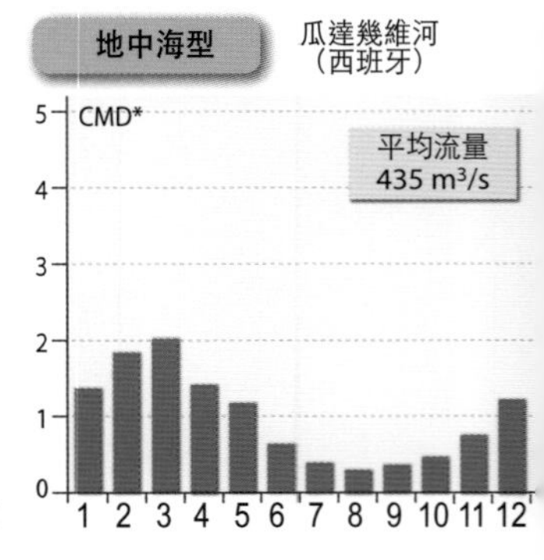
地中海型
瓜達幾維河
（西班牙）
CMD*
平均流量
435 m³/s
0
1
2
3
4
5
1 2 3 4 5 6 7 8 9 10 11 12

*CMD：月流量係數，即月流量和年平均流量之間的比值

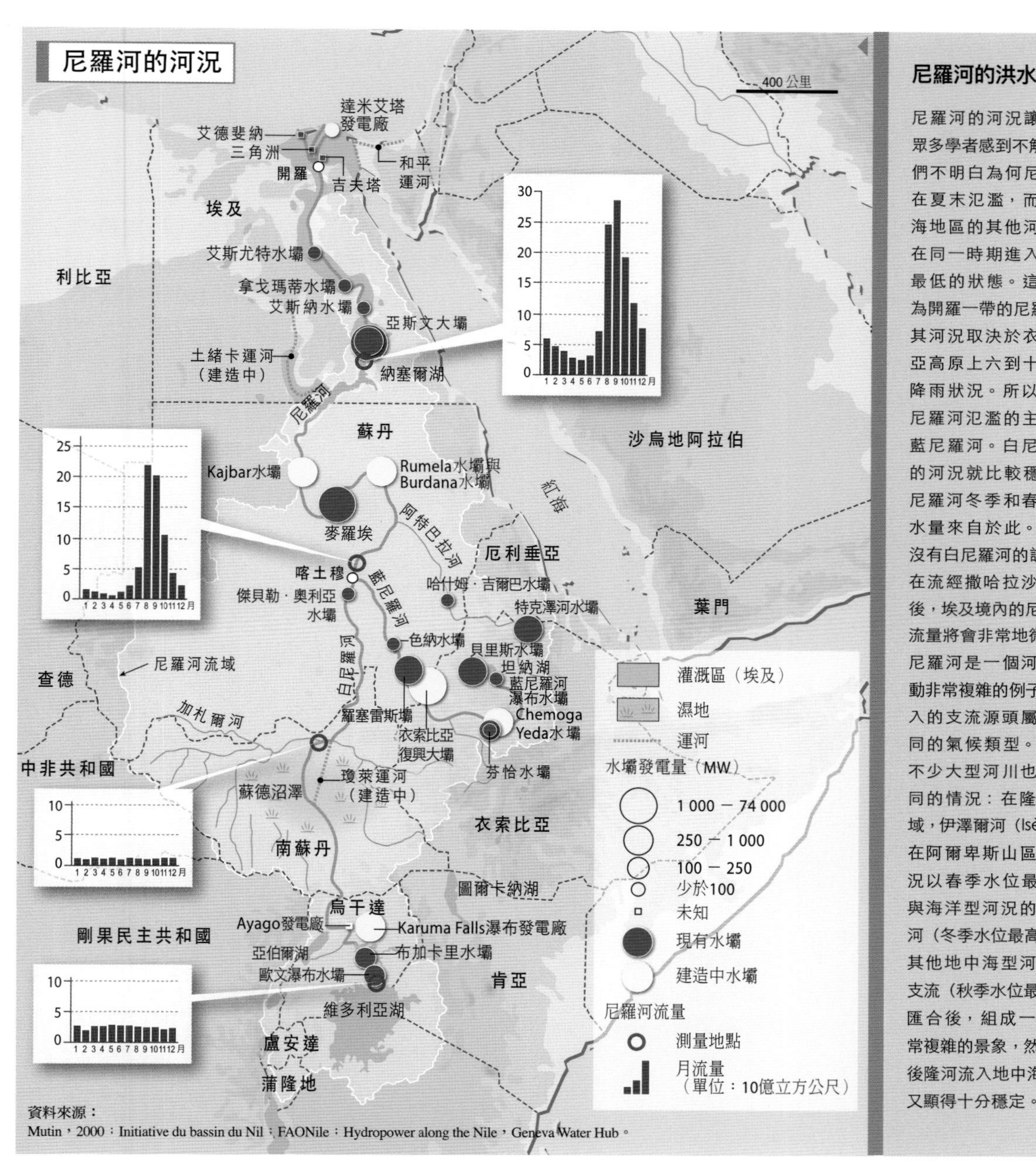
尼羅河的河況
400 公里
達米艾塔
發電廠
艾德斐納
三角洲
開羅
吉夫塔
和平
運河
埃及
利比亞
艾斯尤特水壩
拿戈瑪蒂水壩
艾斯納水壩
亞斯文大壩
土緒卡運河
（建造中）
納塞爾湖
尼羅河
蘇丹
沙烏地阿拉伯
Kajbar水壩
Rumela水壩與
Burdana水壩
麥羅埃
阿特巴拉河
紅海
厄利垂亞
喀土穆
藍尼羅河
傑貝勒．奧利亞
水壩
哈什姆．吉爾巴水壩
特克澤河水壩
葉門
色納水壩
白尼羅河
尼羅河流域
查德
貝里斯水壩
坦納湖
藍尼羅河
瀑布水壩
羅塞雷斯水壩
衣索比亞
復興大壩
Chemoga
Yeda水壩
芬恰水壩
加札爾河
中非共和國
瓊萊運河
（建造中）
蘇德沼澤
南蘇丹
衣索比亞
圖爾卡納湖
烏干達
Ayago發電廠
Karuma Falls瀑布發電廠
剛果民主共和國
亞伯爾湖
布加卡里水壩
歐文瀑布水壩
肯亞
維多利亞湖
盧安達
蒲隆地
灌溉區（埃及）
濕地
運河
水壩發電量（MW）
1 000 － 74 000
250 － 1 000
100 － 250
少於100
未知
現有水壩
建造中水壩
尼羅河流量
測量地點
月流量
（單位：10億立方公尺）
30
25
20
15
10
5
0
1 2 3 4 5 6 7 8 9 10 11 12 月
資料來源：
Mutin，2000；Initiative du bassin du Nil；FAONile；Hydropower along the Nile，Geneva Water Hub。

尼羅河的洪水

尼羅河的河況讓古代眾多學者感到不解。他們不明白為何尼羅河在夏末氾濫，而地中海地區的其他河川則在同一時期進入水位最低的狀態。這是因為開羅一帶的尼羅河，其河況取決於衣索比亞高原上六到十月的降雨狀況。所以造成尼羅河氾濫的主因是藍尼羅河。白尼羅河的河況就比較穩定，尼羅河冬季和春季的水量來自於此。若是沒有白尼羅河的調節，在流經撒哈拉沙漠之後，埃及境內的尼羅河流量將會非常地微弱。尼羅河是一個河況脈動非常複雜的例子，匯入的支流源頭屬於不同的氣候類型。其他不少大型河川也有相同的情況：在隆河流域，伊澤爾河（Isère）在阿爾卑斯山區的河況以春季水位最高，與海洋型河況的紹恩河（冬季水位最高）、其他地中海型河況的支流（秋季水位最高）匯合後，組成一幅異常複雜的景象，然而最後隆河流入地中海時，又顯得十分穩定。

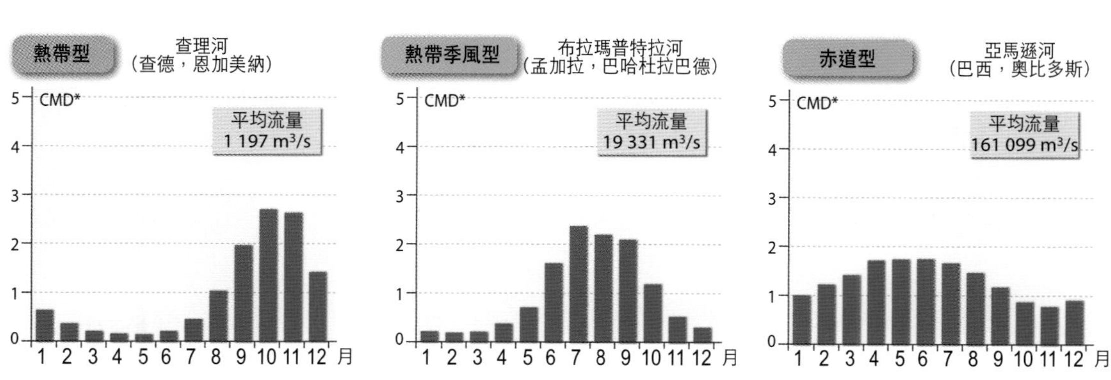
熱帶型
查理河
（查德，恩加美納）
平均流量
1 197 m³/s
熱帶季風型
布拉瑪普特拉河
（孟加拉，巴哈杜拉巴德）
平均流量
19 331 m³/s
赤道型
亞馬遜河
（巴西，奧比多斯）
平均流量
161 099 m³/s
CMD*
5
4
3
2
1
0
1 2 3 4 5 6 7 8 9 10 11 12 月

資料來源：SHI及Unesco，1999；WRI Earth Trends。

乾旱與洪水

除了高低水位之間的差異之外，嚴重的乾旱和洪水輪番侵擾，更是河川整治的決定因素。建蓋巨大的水庫，正是為了調節不同年度之間變化無常的流量。水庫可以儲存足夠的水，用以面對數年的水荒，或是攔阻百年少見的大水。一般說來，水資源越貧乏，年度變化就越大，尤其是半乾旱地區，再來就是地中海與熱帶地區，這些地區往往在漫長的乾旱後又受洪災侵襲。

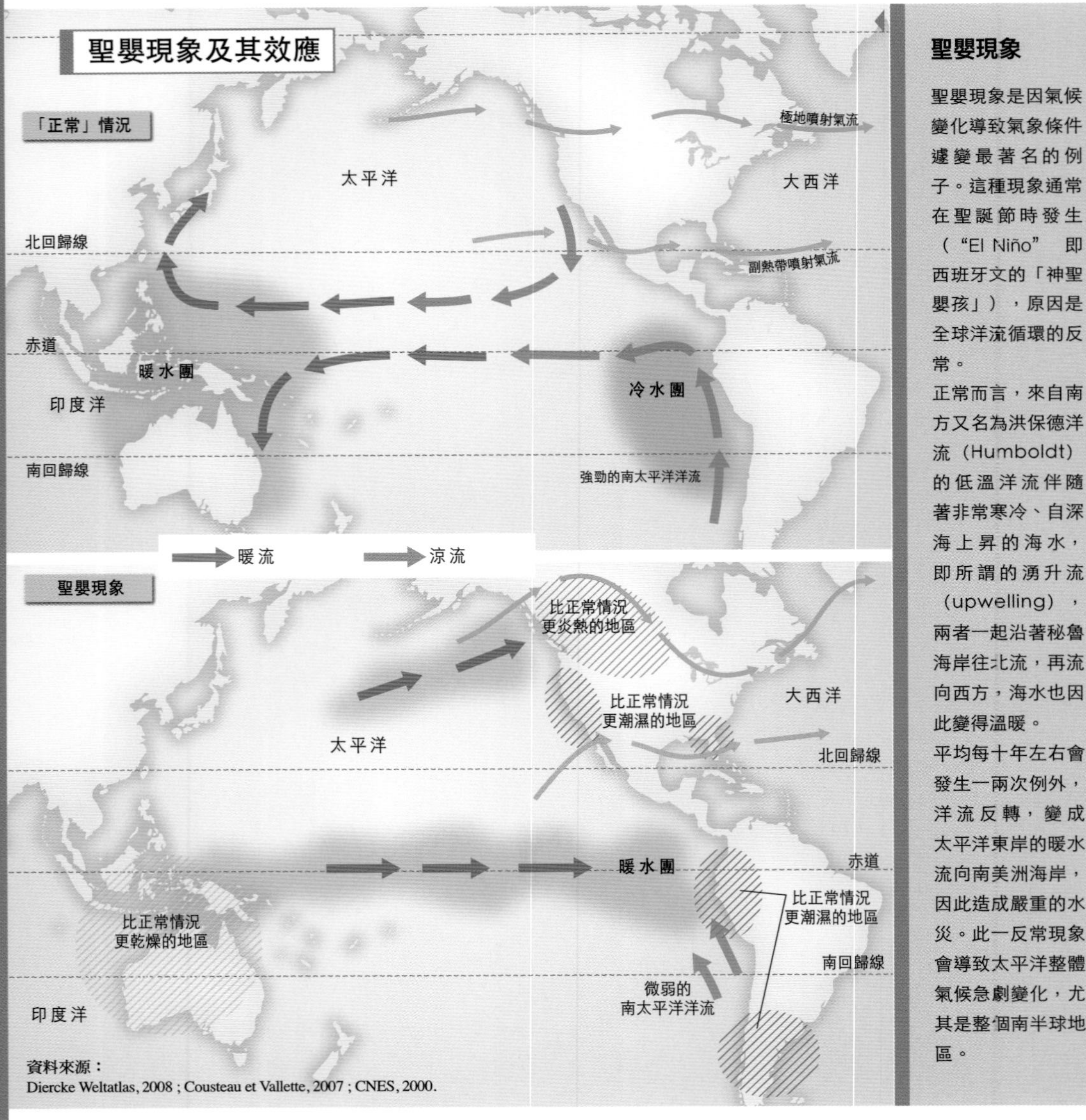
聖嬰現象及其效應
「正常」情況
極地噴射氣流
太平洋
大西洋
北回歸線
副熱帶噴射氣流
赤道
暖水團
冷水團
印度洋
南回歸線
強勁的南太平洋洋流
暖流
涼流
聖嬰現象
比正常情況
更炎熱的地區
比正常情況
更潮濕的地區
大西洋
太平洋
北回歸線
暖水團
赤道
比正常情況
更潮濕的地區
比正常情況
更乾燥的地區
南回歸線
微弱的
南太平洋洋流
印度洋

資料來源：
Diercke Weltatlas, 2008 ; Cousteau et Vallette, 2007 ; CNES, 2000.

聖嬰現象

聖嬰現象是因氣候變化導致氣象條件遽變最著名的例子。這種現象通常在聖誕節時發生（“El Niño” 即西班牙文的「神聖嬰孩」），原因是全球洋流循環的反常。

正常而言，來自南方又名為洪保德洋流（Humboldt）的低溫洋流伴隨著非常寒冷、自深海上昇的海水，即所謂的湧升流（upwelling），兩者一起沿著秘魯海岸往北流，再流向西方，海水也因此變得溫暖。

平均每十年左右會發生一兩次例外，洋流反轉，變成太平洋東岸的暖水流向南美洲海岸，因此造成嚴重的水災。此一反常現象會導致太平洋整體氣候急劇變化，尤其是整個南半球地區。

洪水、乾旱及其週期

洪水和乾旱屬於特殊現象，與高低水位這種反覆出現且較易預測的現象應區別開來。

洪水意指河川流量突然高漲，依其重現期而有不同類型：所謂的十年大洪水是指每百年會發生十次。百年大洪水則是指統計上每一千年會發生十次。所以百年洪水也可能是前後兩年緊接著發生，或在兩百年內一次也沒發生。例如，隆河在1840年和1856年都氾濫成災，當時流經波凱爾市（Beaucaire）的隆河流量每秒超過11,300立方公尺——相當於百年大水的洪峰流量（débit de pointe），而它的年平均流量不過是每秒1,700立方公尺。這個紀錄直到2003年才被打破，而且如同前兩次洪災，都帶來慘重後果。總之，洪峰流量才是判斷標準，它以立方公尺／秒來表示，可反映某一時點的水位高度。

乾旱也有重現期，但其界定較為複雜。乾旱可定義為：在某時空條件下，相對於特定的用水需求，因水量無法滿足該需求而形成缺水。因此，當地層的有效水份含量耗竭時，稱之為土壤乾旱；當地下水層的儲水耗盡，無法供給泉水和水井時，稱為地下水枯竭；而當水流的流量也接近零時，就稱為水文乾旱。大型水庫、堤防和其他水利建設，通常是為了防堵數十年才會發生一次的天災。一旦遇上重現期更長的天災時，這些水利建設往往就會變成攻訐的對象。

某些更加複雜的週期

某些巨大的河川，尤其是在熱帶地區，其週期的起伏更加明顯，但是我們對其原因和規律的了解依然有限。舉例來說，尼日河的週期反映著撒哈拉沙漠的降雨週期。在1968到1994年之間，該區經歷一段將近三十年的異常乾燥時期，但在那之前，是另一段同樣維持了三十年、卻潮濕多雨的時期。究竟最近這幾年雨水復返的現象，是不是代表著另一段潮濕多雨時期的來臨，目前還言之過早。大致而言，至今我們對流量週期（cycle d'hydraulicité）的知識仍是非常片斷的。例如，雖然我們已經可以拼湊出查德湖的演變歷程，也知道擴張階段和幾乎快消失不見的時期會交替出現，但是我們卻無法解釋究竟原因何在。這讓我們難以解釋此一湖泊現今的變化，況且人為和自然因素又互相交錯。不過，此一不確定狀態提醒我們，在從事河川整治時更應謹慎為是。

如是說

秘魯在1997至1998年間，因為聖嬰現象而導致洪災，造成至少兩百人死亡，成千上萬的人無家可歸。以全球來看，當時聖嬰現象與反聖嬰現象造成至少八十億美元的損害。

剛果河、尼日河與墨里河的流量週期

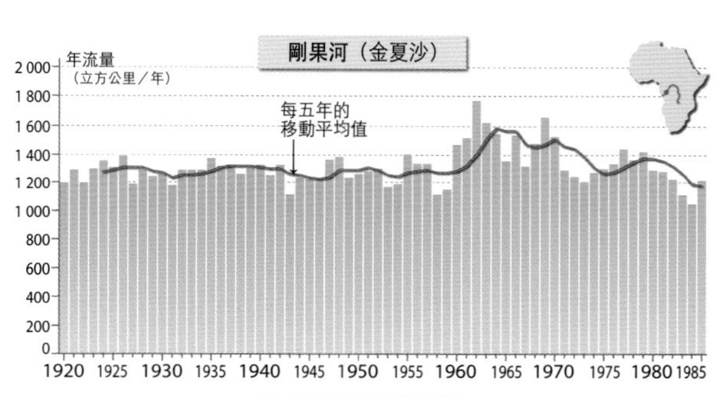
剛果河（金夏沙）
年流量
（立方公里／年）
每五年的
移動平均值

尼日河（庫利科羅）
年流量（立方公里／年）
每五年的移動平均值

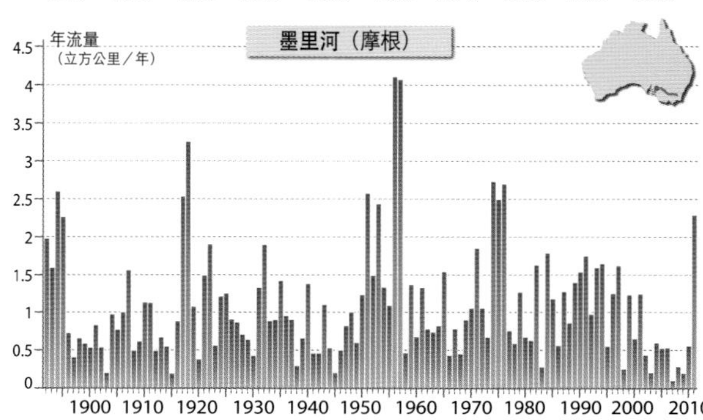
墨里河（摩根）
年流量
（立方公里／年）

資料來源：
SHI；Unesco，1999；Murray Darling Bassin Authority。

豐富多變的生態環境

兩棲和水生動植物的生態環境蘊藏極其豐富的生物寶藏。不同的河川形狀（蜿蜒狀、辮狀、網狀）、各異的地層（砂、礫、岩石）、各種不同的植物類型，以及水位高度的變化等等，讓各種生物環境像一幅馬賽克拼圖，彼此並存在一個有限空間內，並孕育著多采多姿的生命。這些生態系統通常生命力強盛：如同波札那的奧卡凡哥河（Okavango）三角洲，就是由乾旱地區的水流所形成的綠洲。

魚類：豐富的特有種，重要的資源

流域之間的自然區隔有利特有種的形成。亞馬遜河共計超過3,000種魚類，含1,800個特有種；剛果河的700個物種中有500個屬於當地特有種。相較之下，歐洲河川就頗為遜色（羅亞爾河有43個特有種，隆河和萊茵河則有60多個）。不過，某些指標性魚類（如鮭魚）重現於歐洲河川，則是水質改善的良好指標。

湖泊和河川的淡水漁業是貧窮國家傍水居民不可或缺的蛋白質來源。陸地河川的漁獲亦可達到相當大的產量：柬埔寨的洞里薩湖（lac Tonlé Sap）是湄公河溢流暴漲時的宣洩口，每年可生產近20萬噸的魚類，這相當於為1,400萬名柬埔寨人提供80%的蛋白質來源。

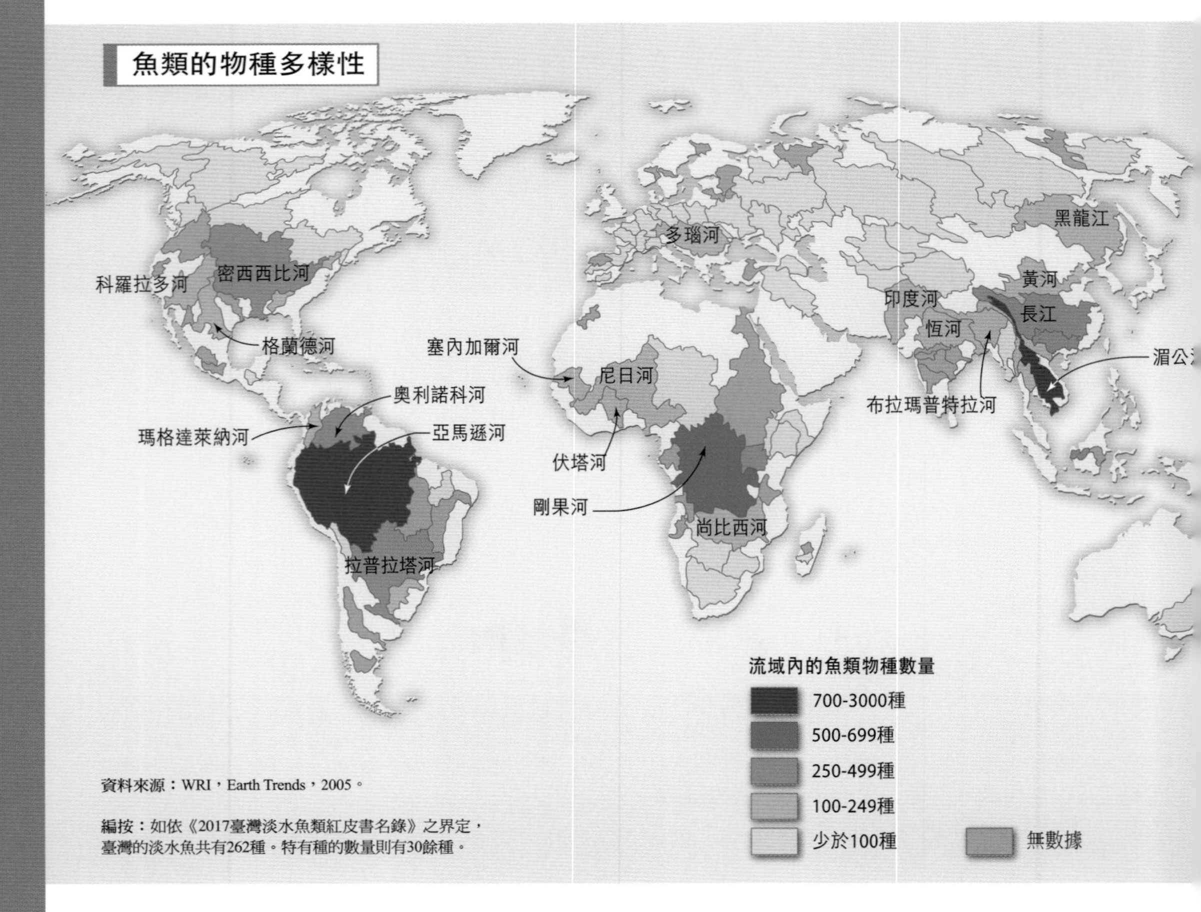
魚類的物種多樣性
黑龍江
多瑙河
科羅拉多河
密西西比河
黃河
印度河
長江
恆河
格蘭德河
塞內加爾河
湄公
尼日河
奧利諾科河
布拉瑪普特拉河
瑪格達萊納河
亞馬遜河
伏塔河
剛果河
尚比西河
拉普拉塔河
流域內的魚類物種數量
700-3000種
500-699種
250-499種
100-249種
少於100種
無數據

資料來源：WRI，Earth Trends，2005。

編按：如依《2017臺灣淡水魚類紅皮書名錄》之界定，臺灣的淡水魚共有262種。特有種的數量則有30餘種。

水文系統

河川是一個複雜的環境，不同大小的元素（植物、魚類、水生動物、岩石和水），彼此都因為物理性、化學性和生物性過程而緊密相連。小到幾平方公尺的微棲地（如植物的根部系統），大到上千平方公里的範圍（如曲流地形的沖積平原），在不同的尺度下，這些元素彼此環環相生。水文系統就是這一整套互動體系，包含了四個面向。第一個面向是上游和下游的連結，特別是兩者之間明顯的依賴關係，這是最清楚可見的。第二個面向是橫切面的，就是從乾燥環境到潮濕環境的過渡。第三面向，則是生態系統從水面到地下水層的垂直相疊。最後是時間面向，展現水文系統裡各個範疇不同的演變歷程。

如是說

「世上超過一半以上的重要河川都遭受嚴重汙染，對周遭的生態系統造成破壞與毒害……也讓依賴這些河川維生的人［…］健康受損。」

——世界水資源協會（Conseil mondial de l'eau）[3]

脆弱性、抵抗力和環境韌性

水文系統既是脆弱的，卻也充滿抵抗力和韌性。它們的脆弱來自於複雜的關係：某一個要素的改變可能造成連續的骨牌效應，影響所有其他要素，我們稱為「回饋循環」（boucle de rétroaction）。水文系統整體的抵抗力和韌性，則和系統規模及其自淨能力有關。

所以，一個廣大的湖泊或是深藏地底的地下水層，不像水位不深的淺流那樣容易被汙染。同樣的，濕地的作用就像水循環系統有了「腎」，可使汙染的速度放緩，甚至在被汙染後也能「復元」。相反的，在乾燥的內流區，抵抗力和回復力都很微弱：稀釋汙染並不容易，所有的汙染物質都集中在水道消失之處，卻又無法再向外排散。這就是造成鹹海悲劇的部份原因。無論如何，超越一定限度之後（太多的水壩、過多的汙染），抵抗和回復的能力可能澈底消失：無論就哪個層面而言，水文系統的運作將從此改變，伴隨著無法預測（因為我們對回饋循環的運作方式了解有限）且永遠無法恢復的可怕後果。

河川流域的結構

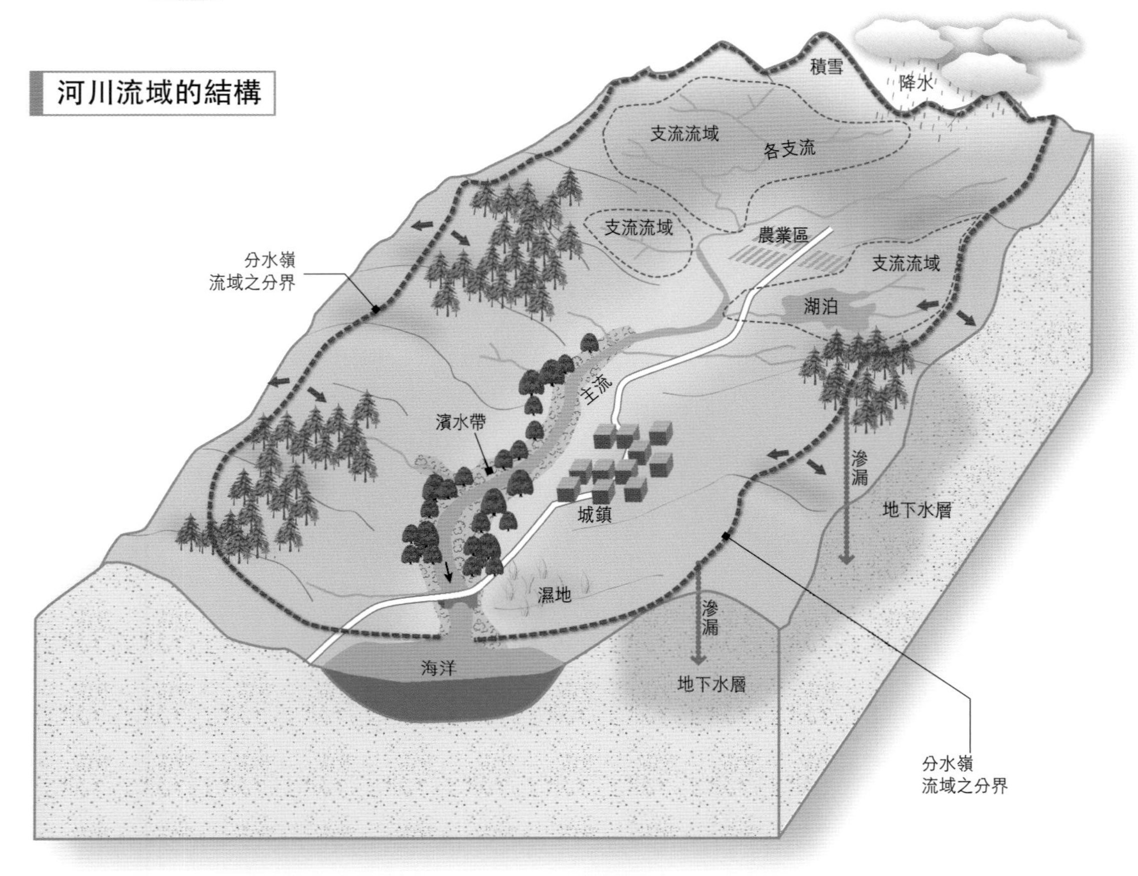

積雪
降水
支流流域
各支流
支流流域
農業區
支流流域
分水嶺
流域之分界
湖泊
主流
濱水帶
滲漏
城鎮
地下水層
濕地
滲漏
海洋
地下水層
分水嶺
流域之分界

[3] 譯者注：
此組織成立於1996年，官網為http://www.worldwatercouncil.org/fr/。

小結

獨一無二的資源

既是生命體的主要成分（人體三分之二是水），也是地表上生態系統脆弱又不可或缺的資源——水，是如此獨特。水的化學性質使它成為維持生命的必要元素，加上它的力學作用，使得水在塑造地表景觀的過程中也扮演著主力角色。

必須保護的資源

煤炭可以用石油來取代，石油也可以用瓦斯或是電力來替代，但沒有任何東西可以代替水。當水遭到汙染，無法供人使用或因此毒害生態體系，必須投資非常可觀的金錢，可能還得等上好幾個世代，才能再度使用，而且沒有人能保證一定成功。就算水文系統有自我淨化和修補回復的能力，足以抵抗一定程度的汙染，由於水資源承受的威脅不斷升高，保護水資源已經成為公共政策的主要議題。

Atlas
mondial de l'eau
Défendre et partager notre bien commun

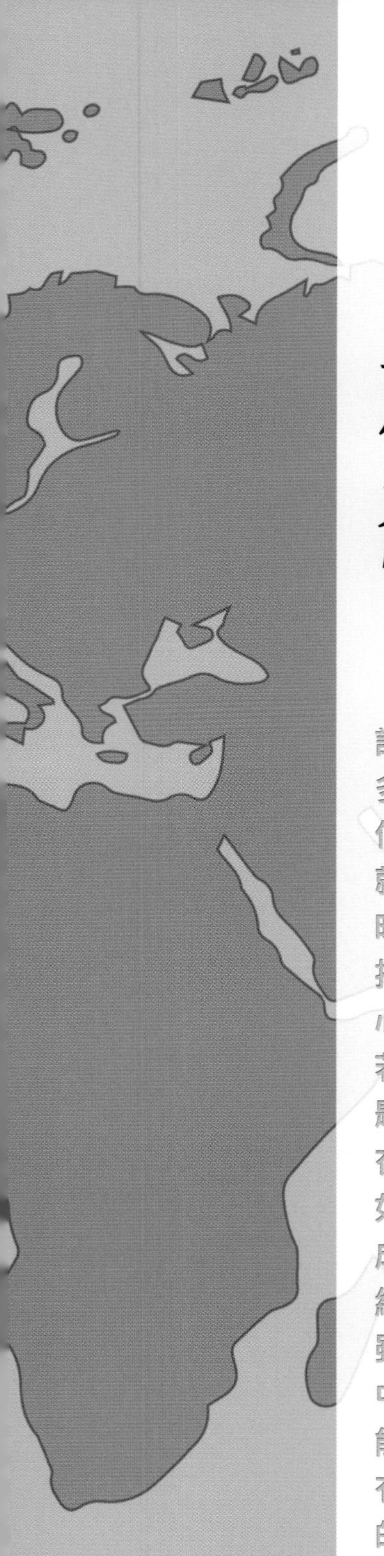

水資源開發和使用

計算地球上所有國家每個居民到底有多少水可用，並不困難。然而，若要估計每個國家開發此一資源的能力，就不容易了。要把水在我們需要的時候送到需要的地點，必須有足夠的技術知識和財源，以及真正的政治決心。

若要了解當今與水資源相關的重要議題，開發水資源的能力正是關鍵所在。某些國家是「水資源窮國」，例如以色列、馬爾他和新加坡，他們成功地讓每個居民都能享有自來水，經濟也快速起飛。相反地，有些國家雖然擁有豐富的水資源，卻處於困境中。以莫三比克為例，其每一居民所能使用的水資源是法國的三倍，卻只有比一半多一點的居民享有最低標準的自來水服務。

每個國家的水資源是不平等的

若要估計一個地方的水資源更新能力，可先設定以行政區域或流域為範圍後，用總水量除以居民總數，便能得到一項簡單的初步指標。按照這個方法計算，法國每人每年約可用3,300立方公尺，但在隆河流域可達5,400立方公尺，而萊茵河流域則只有1,400立方公尺。瑞典水文專家馬林・法肯馬克（Malin Falkenmark）曾粗略地制定了警戒（vulnerabilité）、吃緊（stress）和貧乏（pénurie）三個指標，分別相當於每人每年2,500、1,700和1,000立方公尺的可用水量。這些指標可以用來判斷大範圍的地理區域是否已陷入危機，不過，再來就必須做更精細的計算。

地中海兩岸和非洲

地中海南北兩岸的差異是相當明顯的：整體而言，北岸國家的水資源都很充裕（塞爾維亞每人每年可用水量有18,300立方公尺，希臘居民則超過6,000立方公尺）；而南岸國家則全部在吃緊的底線以下，利比亞（111立方公尺）、阿爾及利亞（294立方公尺）和突尼西亞（410立方公尺）的情況尤其嚴重。因此，地中海南北兩岸的合作計畫〔例如巴塞隆納進程（Processus de Barcelone）和地中海聯盟（l'Union pour la Méditerranée）[4]〕總是強調水資源的管理，也就不足為奇了。不過，跟其他地區相同的是，這些粗略的數字會掩蓋一些不盡相同的事實，在詮釋時必須謹慎。

非洲的情況即是如此，情況最危急的地方，未必是以法肯馬克指標此一單純的標準所判讀出來的地方。

如是說

豐富的水資源未必創造國家財富：有些國家自然藏量相當充沛，卻名列最貧窮的國家。某些國家藏量有限，卻享有富饒的經濟。

全球淡水資源

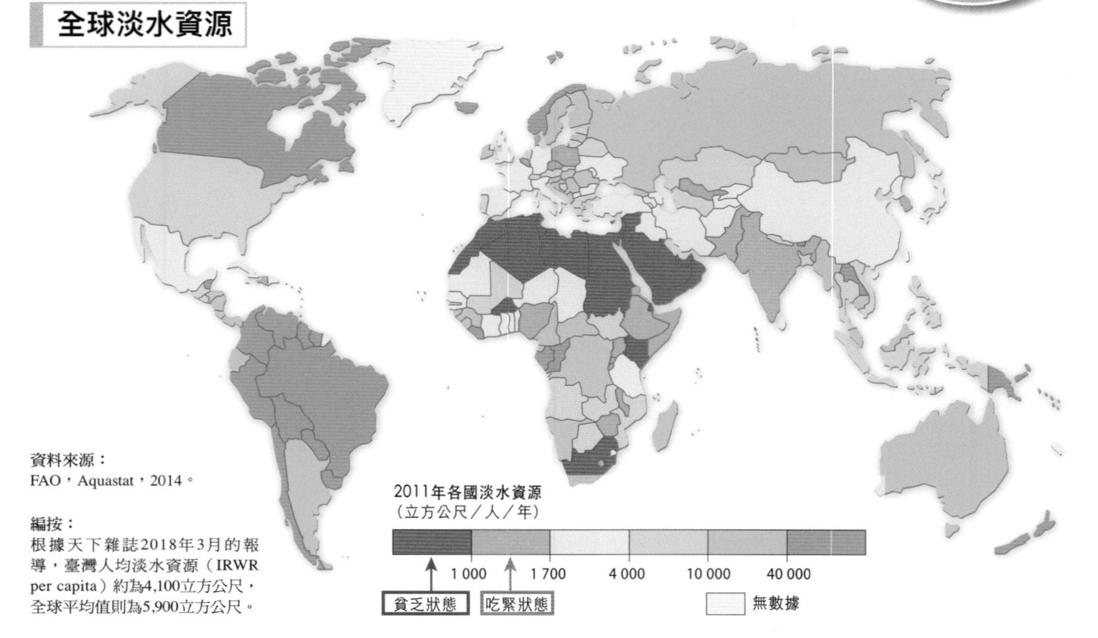
2011年各國淡水資源
（立方公尺／人／年）
1 000
1 700
4 000
10 000
40 000
貧乏狀態
吃緊狀態
無數據

資料來源：
FAO，Aquastat，2014。

編按：
根據天下雜誌2018年3月的報導，臺灣人均淡水資源（IRWR per capita）約為4,100立方公尺，全球平均值則為5,900立方公尺。

一項有力但尚待商榷的指標

就全球來看，某些國家擁有相當驚人的水資源：巴西（每人每年41,600立方公尺）、俄羅斯（每人每年31,500立方公尺）和加拿大（每人每年80,000立方公尺）。相反的，某些國家則幾乎為零，例如科威特（每人每年7立方公尺），不過，幾乎阿拉伯半島上的國家都是如此，一些島國如馬爾地夫（每年每人82立方公尺）和馬爾他（每年每人120立方公尺），情況也大同小異。

從摩洛哥到巴基斯坦可畫出一條缺水帶，而且沿著非洲大陸的東岸向南延伸。相反的，美洲國家資源相當充足，幾內亞灣沿岸的國家也是。至於歐洲國家的情況則差距很大，有藏量豐富的國家（挪威每人每年75,000立方公尺），也有情況較危急的國家（丹麥1,058立方公尺、捷克1,247立方公尺）。

有些地方則看似矛盾，通常這是因為地形地勢的關係。例如，納米比亞幾乎是一個沙漠國家，卻因為南、北和東方邊境上的橘河（Orange）、庫內納河（Cunene）和奧卡凡哥河三條河川，所以可用水量非常充沛（16,230立方公尺）。同樣的，就官方數字來看，澳大利亞水量充沛（每人每年20,500立方公尺），但實際上，水資源都集中在北部邊緣和東岸。美國、中國和巴西也都存在著這種內部差別。

最後，一個國家的發展程度與可用水量沒有任何關係：有些經濟相當發達的國家陷入水資源貧乏（pénurie）的潛在危險和貧窮國家的程度相同（例如新加坡與布吉納．法索），然而，富裕的國家與貧窮的國家也可能都擁有充沛的水資源（例如紐西蘭與寮國）。

非洲的法肯馬克指標

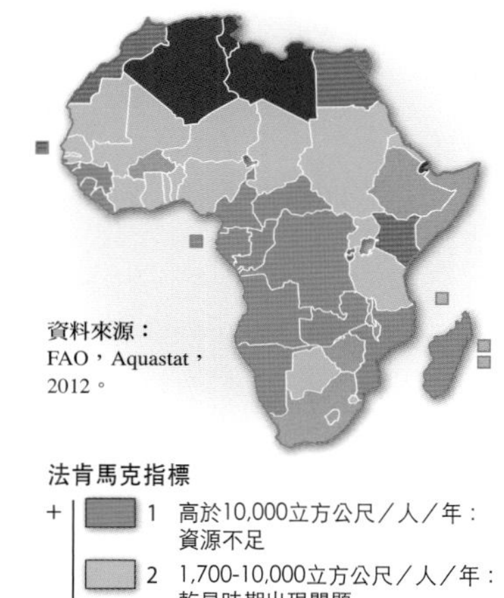

資料來源：
FAO，Aquastat，
2012。

法肯馬克指標

- ＋ 1 高於10,000立方公尺／人／年：資源不足
- 2 1,700-10,000立方公尺／人／年：乾旱時期出現問題
- 3 1,000-1,700立方公尺／人／年：吃緊狀態
- 4 500-1,000立方公尺／人／年：絕對匱乏狀態
- － 5 低於500立方公尺／人／年：遇上「水障」（Water Barrier）無任何發展可能

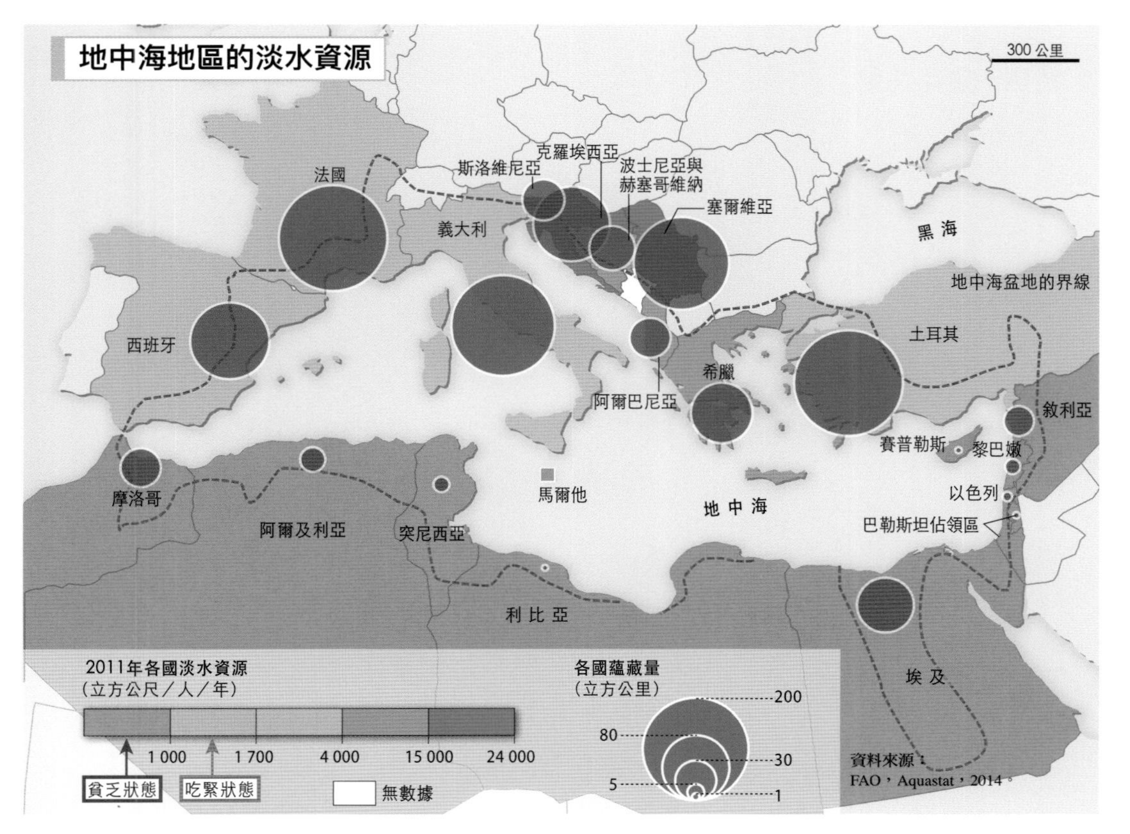

地中海地區的淡水資源
300 公里
法國
斯洛維尼亞
克羅埃西亞
波士尼亞與
赫塞哥維納
塞爾維亞
義大利
黑 海
地中海盆地的界線
西班牙
土耳其
阿爾巴尼亞
希臘
敘利亞
賽普勒斯
黎巴嫩
摩洛哥
馬爾他
以色列
地 中 海
巴勒斯坦佔領區
阿爾及利亞
突尼西亞
利 比 亞
埃 及
2011年各國淡水資源
（立方公尺／人／年）
1 000
1 700
4 000
15 000
24 000
貧乏狀態
吃緊狀態
無數據
各國蘊藏量
（立方公里）
200
80
30
5
1
資料來源：
FAO，Aquastat，2014。

4 譯者注：這是兩個分別成立於1995和2008年的國際組織，地中海聯盟的官網為http://ufmsecretariat.org/fr/。

開發能力各國不一

每人可用水量此一粗簡的數字，只能大略地勾勒出與水相關的潛在問題。這些數字必須跟每個國家適應自然水文限制的能力一起衡量。這項讓消費者在需要的地點和需要的時間都有水可用的「生產能力」則難以衡量。最初，世界銀行使用國民生產毛額來估計這項能力的高低。2002年起，位於英國沃陵福（Wallingford）的生態與水文研究中心（Centre for Ecology and Hydrology）的研究人員則提出新的指標：水貧乏指數（indice de pauvreté en eau，IPE；英文簡寫WPI），以下將討論此議題。

水貧乏指數

水貧乏指數介於0到100之間，有五項因素被納入考量：所有水資源的現況，包含其變動情形；水資源的可及性，特別是家庭用水，但也包括灌溉或是使用「潛在」水源的可能性；水資源的使用情況、不同部門的分配及其效用高低；管理水資源的能力，包括家庭水費、人均生產毛額、嬰兒死亡率、水資源部門的投資高低，乃至相關法規和專責機構的成立等等；最後是環境因素，如為了維護生態系統所需消耗的水量、水汙染情況、地層的侵蝕、洪水的風險等。

以上五項因素，每項配分是0到20，總分則是100。總分越低，情況就越嚴重。

如是說

水貧乏指數是掌握水資源相關問題的良好工具。它說明了「水資源危機」是發展不足和社會不公的結果。

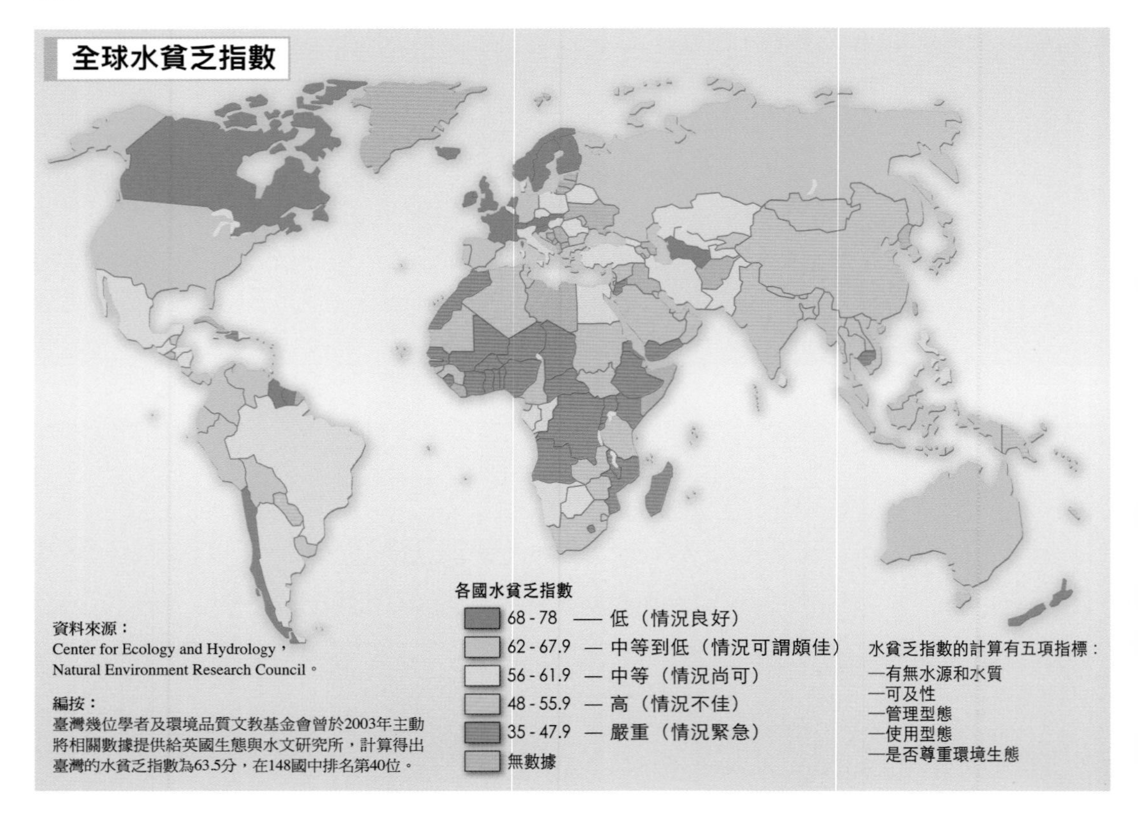
全球水貧乏指數
各國水貧乏指數
68 - 78 —— 低（情況良好）
62 - 67.9 — 中等到低（情況可謂頗佳）
56 - 61.9 — 中等（情況尚可）
48 - 55.9 — 高（情況不佳）
35 - 47.9 — 嚴重（情況緊急）
無數據
資料來源：
Center for Ecology and Hydrology，
Natural Environment Research Council。
編按：
臺灣幾位學者及環境品質文教基金會曾於2003年主動將相關數據提供給英國生態與水文研究所，計算得出臺灣的水貧乏指數為63.5分，在148國中排名第40位。
水貧乏指數的計算有五項指標：
—有無水源和水質
—可及性
—管理型態
—使用型態
—是否尊重環境生態

明顯的差距

就全球的指數來看，已開發國家顯然佔了優勢。即使有些國家的天然資源有限，良好的管理能力卻足以彌補先天的不足。

美國西部就是天然水資源貧乏的例子，卻由於重金挹注，又使用最尖端的技術，缺水的問題因此被人力「克服」了。洛杉磯的草坪或是拉斯維加斯的噴泉都是最具說服力的例子。同樣的，波斯灣沿岸國家幾乎沒有水源，卻蓋了滑雪道，這個極端的例子告訴我們，缺水的問題是相對於所能投入的技術、經濟能力以及是否要生產水的政治決心，雖然有時讓環境付出了極大的代價。

相反的，這項指數凸顯了非洲國家的困境，他們不只是先天不足，而且開發能力也相當有限。在後進國家裡，只有那些天然水資源特別充沛的國家（主要是南美洲國家）才有辦法獲得高分。這不意味著他們沒有水資源的問題，毋寧是因為足夠的投資和配合得宜的政策，才使問題得到解決的可能。

水貧乏指數

如何計算水貧乏指數？

指標

資源

可及性

管理能力

使用

環境品質

每個指標的最高分數是20
五項指標的總和即是水貧乏指數（總分100）

芬蘭

以色列

尼日

喀麥隆

資料來源：
Center for Ecology and Hydrology，Natural Environment Research Council。

南非的水貧乏指數

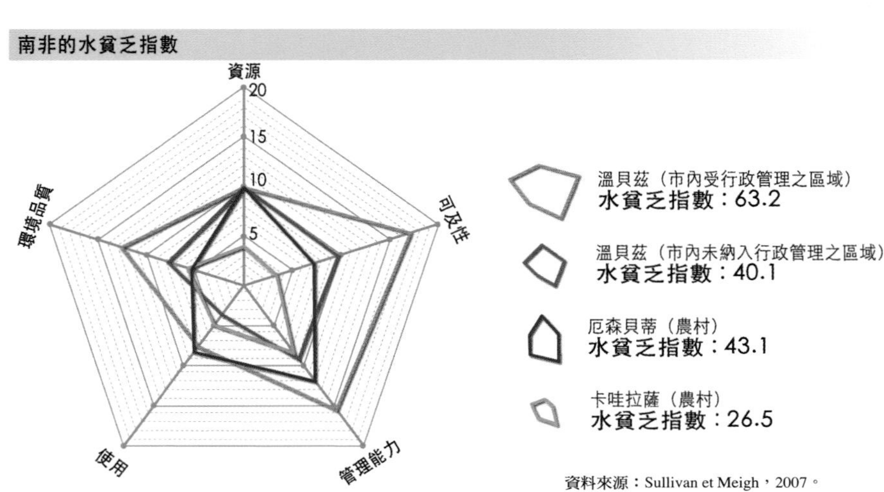
資源
20
15
10
5
可及性
管理能力
使用
環境品質
溫貝茲（市內受行政管理之區域）
水貧乏指數：63.2
溫貝茲（市內未納入行政管理之區域）
水貧乏指數：40.1
厄森貝蒂（農村）
水貧乏指數：43.1
卡哇拉薩（農村）
水貧乏指數：26.5

資料來源：Sullivan et Meigh，2007。

極端的現實

水貧乏指數的優點是可以區分綜合指數相近的國家。例如，以色列和喀麥隆是兩個情況完全相反的國家，但他們的水貧乏指數卻幾乎一樣。以色列的水貧乏指數明顯低於其他開發國家，但這只是因為它的先天條件不足，其可及性和管理能力實可與其他開發國家並駕齊驅。相對的，喀麥隆的天然資源是充裕的，但這個國家的開發能力卻很低。圖中還有另外兩個典型的例子。一個是芬蘭，所有的指標都高，總分也是最高的（78）。與之完全相反的是尼日，天然資源不足，同時開發技術與財力也見拙。

水貧乏指數的計算也可以用在較小規模的範圍裡。因此，一如南非的情形，水貧乏指數在同一行政區會因為城鄉差別而有高低差異，但也會因為發展的程度，例如行政管理的有無，而有差異。

古老的技術結晶

控制水源是一項古老的挑戰，幾乎可追溯到新石器時期。人類史上最早的水井至少是西元前八千年的事情，最古老的灌溉農業的痕跡則出現在西元前五千年的美索不達米亞平原，以及西元前三千年的安地斯山脈與印度河流域。這些發明通常都誕生於水源不充沛或是降雨量不足的地區。然後，這些技術就隨著貿易交換和軍事戰爭而逐漸散播到其他地區。

發明技術的散播

古代偉大文明，如埃及、中國和古羅馬，往往是奠基於控制水資源的高超能力上，例如：農業灌溉設施、因為商業用途而建造的運河（中國的大運河），或是為供應都市用水而建蓋的引水道（古羅馬水道）。

世界上有七個偉大水利工程發明的搖籃——地中海地區、中亞、美索不達米亞平原、印度和斯里蘭卡、中國、安地斯山脈地區與中美洲——這些技術由此向外傳播。所有水利技術的重大進展都經過三個階段：首先是技術的發明，然後這項技術被一個「偉大文明」汲取應用，隨之又往它的勢力範圍傳播。最後，在此一文明的次要地區，原本的技術順應當地需求轉化並調整改良，有時還會回傳到最初的發源地。

在古代，希臘城邦裡歷史悠久且完善的水道技術，隨著羅馬大軍的步伐往外散播。這些水道技術長期被保留在地中海東岸地區，後來又隨著穆斯林征戰重回西班牙。在文藝復興時期，源出於伊比利半島和波斯帝國的現代化水壩技術，先是在整個地中海地區普及開來，然後就廣傳到歐洲列強的殖民地。例如，大不列顛帝國的水利工程師便在整個帝國範圍內繞了一圈，他們將在埃及或是印度學到的技術應用在南非和澳大利亞。

這些古代技術都令人驚嘆：中國人仍在使用大運河，古羅馬水道至今屹立不搖，即使技術已經改變，尼羅河河谷的灌溉渠道五千年來仍舊持續運作著。當代工程的水準，能否做出如同尼羅河河谷的灌溉渠道一般永續發展的建設？

坎兒井（QANAT）

坎兒井技術〔這是一種引水道，在中亞叫做卡瑞茲（karez），在非洲西北部叫做克赫塔拉（khettara）或是扶嘎拉（foggara）〕至少可追溯到西元前一千年，很可能是在伊朗發明出來的。整個坎兒井系統是一條隧道，用來汲取（鬆軟的山麓沖積扇的）地下水層上游的水流，並將水流引導至灌溉區。坎兒井隧道的直徑大約一公尺，它的坡度經過計算，足以讓水流流得夠快，卻又不會破壞水道的壁面。為方便進入隧道，每隔一段固定距離會開鑿豎井，這也是整個坎兒井在地表上唯一可見的痕跡。

坎兒井技術從伊朗（至今當地還有21,000座坎兒井）向外傳播到整個中亞、阿拉伯半島和北非。其中規模最大的可長達50公里、深及地下300公尺。

如是說

「西元一世紀末的羅馬城依靠九條主要水道輸水。這些水道共計500公里長，每天的累積流量是50萬立方公尺，相當於每人每天有500公升的用水。」

——出自封丹（Frontin）[5]，《羅馬城的水資源》（De Aquis Urbis Romae）

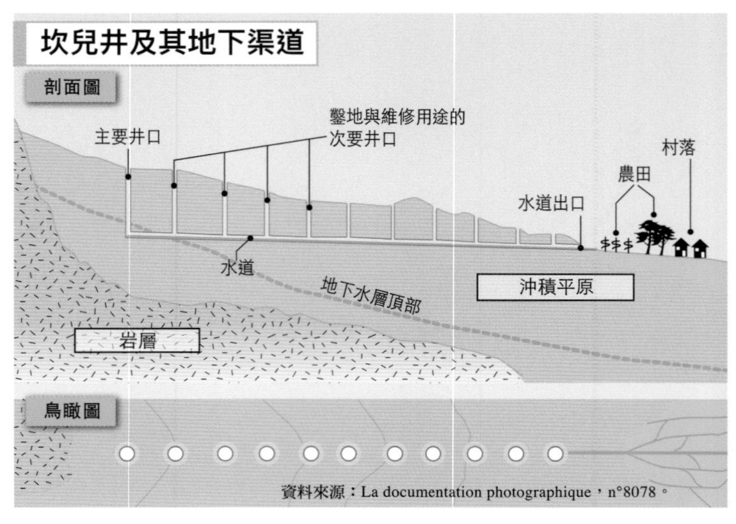
坎兒井及其地下渠道
剖面圖
主要井口
鑿地與維修用途的次要井口
村落
農田
水道出口
水道
地下水層頂部
沖積平原
岩層
鳥瞰圖
資料來源：La documentation photographique，n°8078。

[5] 譯者注：拉丁文全名為Sextus Iulius Frontinus，西元一世紀末的羅馬參議員、羅馬城水道建設的先鋒、軍旅作家。

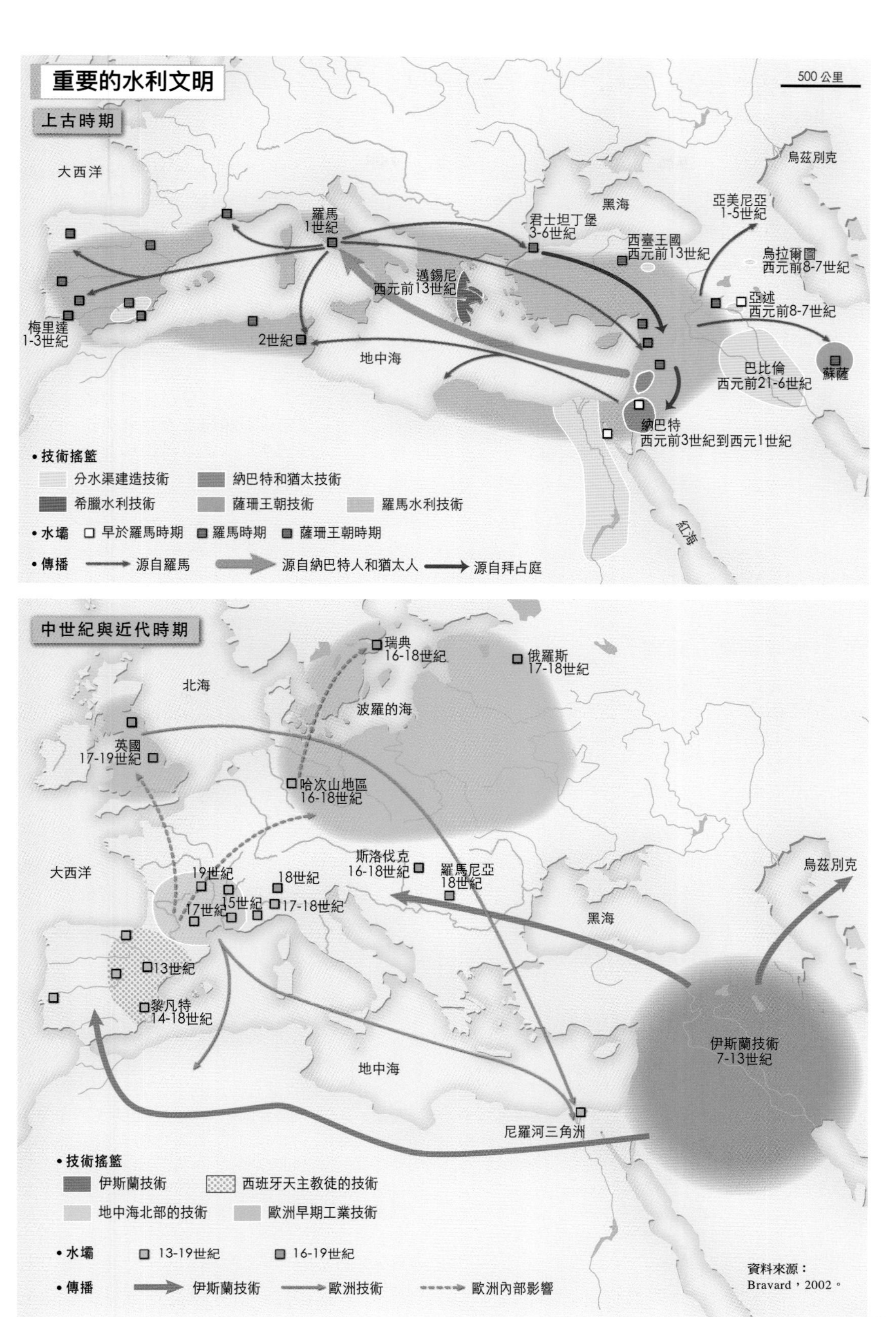

重要的水利文明
500 公里
上古時期
大西洋
烏茲別克
黑海
羅馬
1世紀
君士坦丁堡
3-6世紀
亞美尼亞
1-5世紀
西臺王國
西元前13世紀
烏拉爾圖
西元前8-7世紀
邁錫尼
西元前13世紀
亞述
西元前8-7世紀
梅里達
1-3世紀
2世紀
地中海
巴比倫
西元前21-6世紀
蘇薩
納巴特
西元前3世紀到西元1世紀
紅海
•技術搖籃
分水渠建造技術
納巴特和猶太技術
希臘水利技術
薩珊王朝技術
羅馬水利技術
•水壩
早於羅馬時期
羅馬時期
薩珊王朝時期
•傳播
源自羅馬
源自納巴特人和猶太人
源自拜占庭
中世紀與近代時期
瑞典
16-18世紀
俄羅斯
17-18世紀
北海
波羅的海
英國
17-19世紀
哈次山地區
16-18世紀
大西洋
斯洛伐克
16-18世紀
羅馬尼亞
18世紀
烏茲別克
19世紀
18世紀
17世紀
15世紀
17-18世紀
黑海
13世紀
黎凡特
14-18世紀
伊斯蘭技術
7-13世紀
地中海
尼羅河三角洲
•技術搖籃
伊斯蘭技術
西班牙天主教徒的技術
地中海北部的技術
歐洲早期工業技術
•水壩
13-19世紀
16-19世紀
•傳播
伊斯蘭技術
歐洲技術
歐洲內部影響

資料來源：
Bravard，2002。

現代科技

工業革命為水利科技帶來不可小覷的改變：雖然還是水庫、運河和引水道，但其規模、長度、容量卻不是偉大古代文明最龐大的水利建設所能比擬的。攔截三次尼羅河氾濫的水量，讓上百公里長的河川改道，裝設馬達讓河川穿山越嶺，乃至規劃與一個國家相等大小的灌溉區，這些都是當今水利工程師做得到的壯舉。

巨型水壩

第一批巨型水壩出現於1930年代，例如位於科羅拉多河的米德湖（Lake Mead，1935年完工，容量35立方公里）以及窩瓦河上游的里賓斯克水壩（Rybinsk，1935–1947年建造，容量25立方公里）。這些「多目標設施」（農業灌溉、水力發電、調節乾旱和洪水、都市供水）均是二次大戰之後將大型河川完全人工化的工程成就。

1950到1970年代，後進國家出現第二波巨型水壩興建潮，尤其是非洲：最典型的就是亞斯文大壩（Assouan，1970年完工，容量162立方公里），不過阿克松博水壩（Akosombo，1965年完工，容量148立方公里）和卡里巴水壩（Kariba，1959年完工，容量160立方公里）其規模也不落人後。

「治水天職」時期

一項宏偉的水利建設是技術知識、政治決心和投資力量的綜合成果。

20世紀初的歐洲和美國就匯聚了這三項因素。1933年5月18日創立的田納西河流域管理局（Tennessee Valley Authority）即是最好的例子。這是第一個對大型河川進行全面整治的規劃，範圍及於29座水庫。面對一條以不可征服著稱的河川，田納西河流域管理局象徵著整治決心，同時也代表著對河岸居民生活品質的重視，甚至打造「新人類」的意圖。

田納西河流域管理局的模式被諸多國家仿效，尤其是蘇聯（例如整治窩瓦河和西伯利亞的河川），眾多後進國家在獨立之後亦採取此一做法。設置的目的通常是為了澈底改變整個地區的地貌，讓數百公里長的河川改道，或是讓沙漠變綠洲。因此在新興國家裡，四處燃起「偉大工程的狂熱」，中國三峽大壩的興建便是一例。

海水淡化：奇蹟還是烏托邦？

地表上97.5%的水是鹹的，也就是說，讓海水淡化就應該可以一筆勾消所有的缺水問題。

經過四十多年的發展，當今技術的成本並非無法負擔，而且已經供應世上諸多大城市的用水，並在阿拉伯半島上提供大量用水需求：當今全球120個國家中共有18,500座工廠為三億人口提供淡水。海水淡化技術有兩種：蒸餾（distillation）和逆滲透（osmose inverse）。所謂的蒸餾，就是把海水煮沸，讓裡面的淡水蒸發，再使之凝結並加入礦物質。至於逆滲透的作法，則是加壓處理過的海水，然後用只有水分子才能穿過的薄膜加以過濾。

淡化海水往往被視為一種替代方案，尤其是在後進國家的大城市。如此一來就不需建造大型水壩，況且海水是取之不竭的，更可以將陸上的淡水都用來灌溉農作物。不過，即使從1970年到2015年，生產一立方公尺的水所需耗費的電力已從12度（kWh）降到2度，海水淡化的主要困難仍在於高昂的能源成本。依照能源價格調整後，淡化後的海水總價至少還是一般水的兩、三倍。對石油生產國而言，這不是問題，但對大部份非洲和南美洲城市的居民來說，淡化水的價格仍是難以負擔。所以，海水淡化只在富裕的都市可行，而且終究無法回應農業所需。

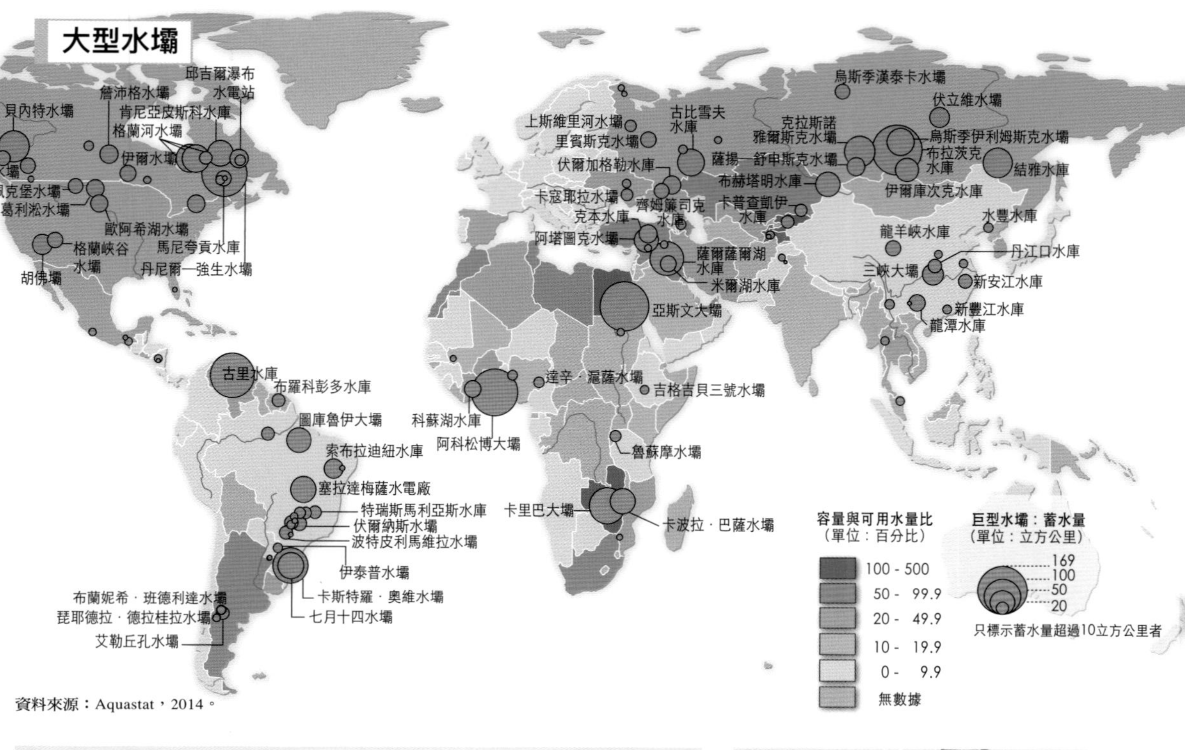

大型水壩
邱吉爾瀑布水電站
貝內特水壩
詹沛格水壩
肯尼亞皮斯科水庫
格蘭河水壩
伊爾水壩
凱克堡水壩
葛利淞水壩
歐阿希湖水壩
格蘭峽谷水壩
馬尼夸貢水庫
丹尼爾—強生水壩
胡佛壩
古里水庫
布羅科彭多水庫
圖庫魯伊大壩
索布拉迪紐水庫
塞拉達梅薩水電廠
特瑞斯馬利亞斯水庫
伏爾納斯水壩
波特皮利馬維拉水壩
伊泰普水壩
卡斯特羅．奧維水壩
七月十四水壩
布蘭妮希．班德利達水壩
琵耶德拉．德拉桂拉水壩
艾勒丘孔水壩
烏斯季漢泰卡水壩
伏立維水壩
上斯維里河水壩
里賓斯克水壩
古比雪夫水庫
克拉斯諾雅爾斯克水壩
烏斯季伊利姆斯克水壩
布拉茨克水庫
伏爾加格勒水庫
薩揚
舒申斯克水壩
結雅水庫
布赫塔明水庫
伊爾庫次克水庫
卡寇耶拉水壩
齊姆騰司克水庫
卡普查凱伊水庫
克本水庫
水豐水庫
阿塔圖克水壩
龍羊峽水庫
丹江口水庫
薩爾薩爾湖水庫
三峽大壩
米爾湖水庫
新安江水庫
亞斯文大壩
新豐江水庫
龍灘水庫
達辛．渥薩水壩
吉格吉貝三號水壩
科蘇湖水庫
阿科松博大壩
魯蘇摩水壩
卡里巴大壩
卡波拉．巴薩水壩
容量與可用水量比
（單位：百分比）
100 - 500
50 - 99.9
20 - 49.9
10 - 19.9
0 - 9.9
無數據
巨型水壩：蓄水量
（單位：立方公里）
169
100
50
20
只標示蓄水量超過10立方公里者

資料來源：Aquastat，2014。

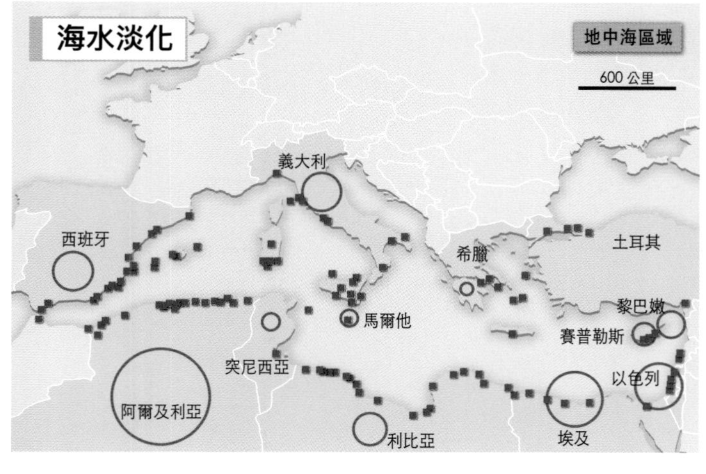

海水淡化
地中海區域
600 公里
義大利
西班牙
希臘
土耳其
馬爾他
黎巴嫩
賽普勒斯
突尼西亞
以色列
阿爾及利亞
利比亞
埃及

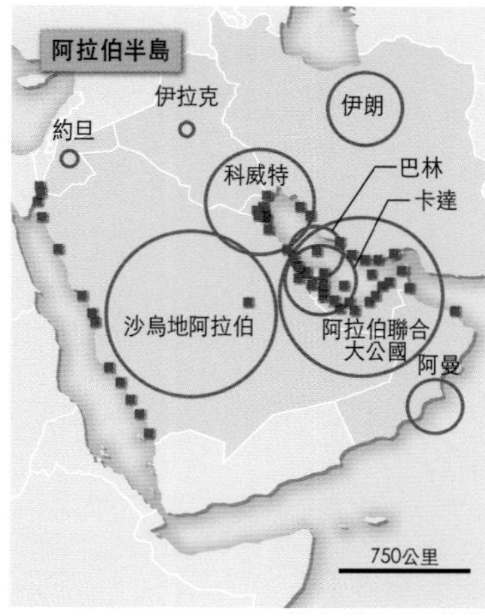

阿拉伯半島
伊拉克
伊朗
約旦
科威特
巴林
卡達
沙烏地阿拉伯
阿拉伯聯合大公國
阿曼
750公里

■ 海水淡化工廠

各國年產量
（百萬立方公尺）

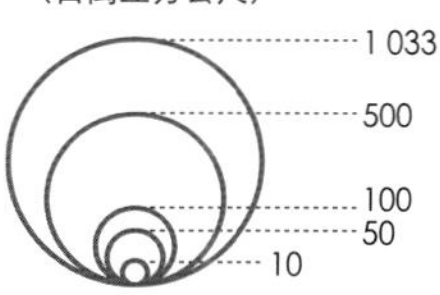

1 033
500
100
50
10

資料來源：
《Sustainable Water for the Future: Water Recycling versus Desalination》，Sustainability Science and Engineering Volume 2, 2010；FAO，Aquastat，2014。

如是說

「沒有任何水利工程師可以眼睜睜看著橘河的水全部付諸大海，而不想著應該與建跟尼羅河和科羅拉多河相媲美的工程。」

——路易斯（A. D. Lewis），《南非》（*Afrique du Sud*），1928 年。

水資源的汲取與消耗（I）：概論

取水量與原水量之間的比例，是一個國家水資源壓力的指標。一般而言，取水量超過原水量50%的國家，在乾旱越演越烈的時候，將會陷入嚴峻的困境。因此，即使這些國家有良好的管理能力，實際上，相對於無常的氣候依然是不堪一擊。三十多年來，民生用水的取水量增加得最快，這不只說明了世界人口的增長，也顯示了都市化和生活水準的提高，此一現象在後進國家中最為明顯。

從汲取到消耗：數量與品質

區分汲取與消耗是很重要的。汲取意指從河川流水或是地下水層截取水資源，供應農業、工業和家庭使用。直接用於農作的雨水就不包括在內。部份被汲取的水會回流原地。回流比例可以高達97%，例如核能電廠裡的冷卻用水，至於現代化的灌溉農業下，則只有極少的百分比會回流，因為幾乎所有的水都被植物吸收了。

沒有立即重回原地的水（通常是已蒸發、或是產品含有的水分）才會被視為消耗掉的水。所以，只研究消耗量似乎是可行的。不過，有時汲取後又原地排放的水質會變得很差，因此這兩項數值都應該加以研究。

如是說

在一個世紀之內，水源的取用和消耗總量成長了四倍，有時還超出可供利用的量。我們難以想像水資源的壓力再出現如此大幅的增長，所以必須節約用水，並且更妥善地管理水資源。

各部門的取水及耗水情形

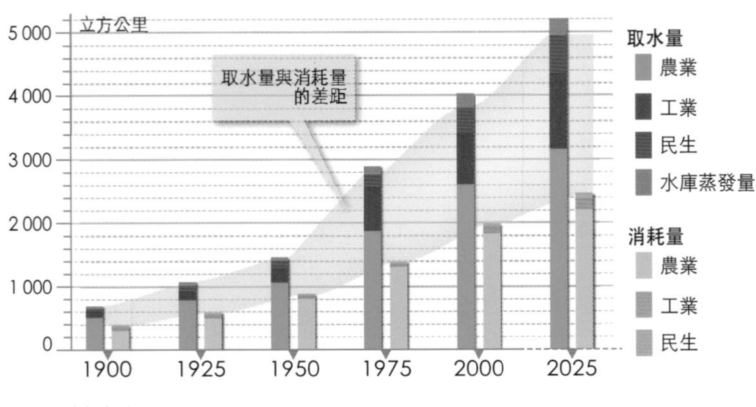

立方公里
5 000
4 000
3 000
2 000
1 000
0
1900
1925
1950
1975
2000
2025
取水量與消耗量的差距
取水量
農業
工業
民生
水庫蒸發量
消耗量
農業
工業
民生

資料來源：
ONU，2006；Shiklomanov et Rodda，2003；FAO，Aquastat，2008。

各洲及各國取水量

加拿大
美國
圭亞那
蘇利南
厄瓜多
智利

農業取水量的比重

根據聯合國糧食及農業組織（FAO），2016年時全球的總取水量是4,000立方公里，相當於每人每年535立方公尺，也相當於9%的再生資源。汲取來的水主要用於農業（70%），剩下的就是工業用水（19%）與民生用水（12%）。這些概括性數字往往掩蓋了不同地區之間的差距。在亞洲和非洲，農業用途的取水量佔了80%以上，在拉丁美洲則是71%左右。就用水量來看的話，農業用途的比例在這些國家同樣很高。相反的，在已開發國家則以工業用途為首（歐洲是54%，北美則是53%），而且相較之下，民生用水的比例也很高（歐洲和北美各是21%及15%）。

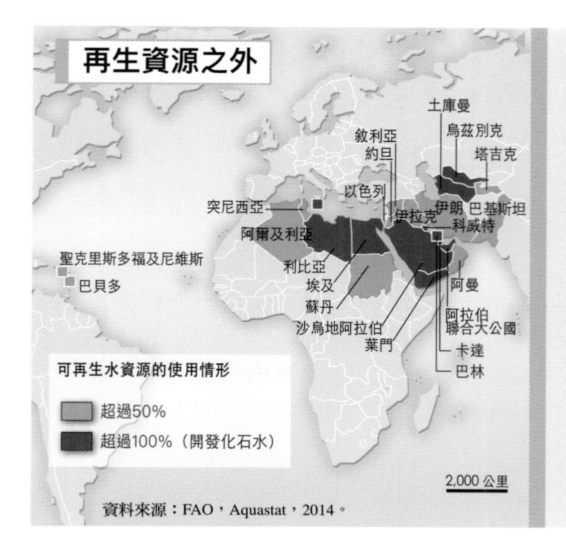

再生資源之外
土庫曼
烏茲別克
敘利亞
約旦
塔吉克
以色列
突尼西亞
伊朗
巴基斯坦
伊拉克
科威特
阿爾及利亞
聖克里斯多福及尼維斯
巴貝多
利比亞
埃及
阿曼
蘇丹
沙烏地阿拉伯
阿拉伯聯合大公國
葉門
卡達
巴林
可再生水資源的使用情形
超過50%
超過100%（開發化石水）
2,000 公里

資料來源：FAO，Aquastat，2014。

開發化石水

有些國家使用的水量超過自然再生的水量，靠的就是開發所謂的「化石水」，這通常是在過去氣候更多雨濕潤時形成的廣大地下含水層。利比亞人開發的就是撒哈拉沙漠北部的含水層，其水量超過 300 立方公里，負責運載的「大型人工河」（Great Man-Made River）跨越兩千公里的沙漠，把水輸送到沿海地區。

人均取水量的地圖更反映了灌溉農業的比重。例如中亞國家（每人每年超過2,000立方公尺）、澳洲和地中海國家的比例都很高。導致高取水量的次要因素與水力發電需要建立許多分流（dérivation）有關：這正說明了加拿大的情形。美國的情況則比較特殊，因為它既有極具分量的灌溉農業，尤其是西部和中西部（Midwest），也有比例不輕的工業用水，民生用途的取水量更是已開發國家中最高的。至於法國，若綜合各項用水，每人每年的取水量超過500立方公尺，接近西北歐國家的平均值。不過，法國的特徵是工業用水的比例偏高（超過75%），主要是用來冷卻核能電廠。

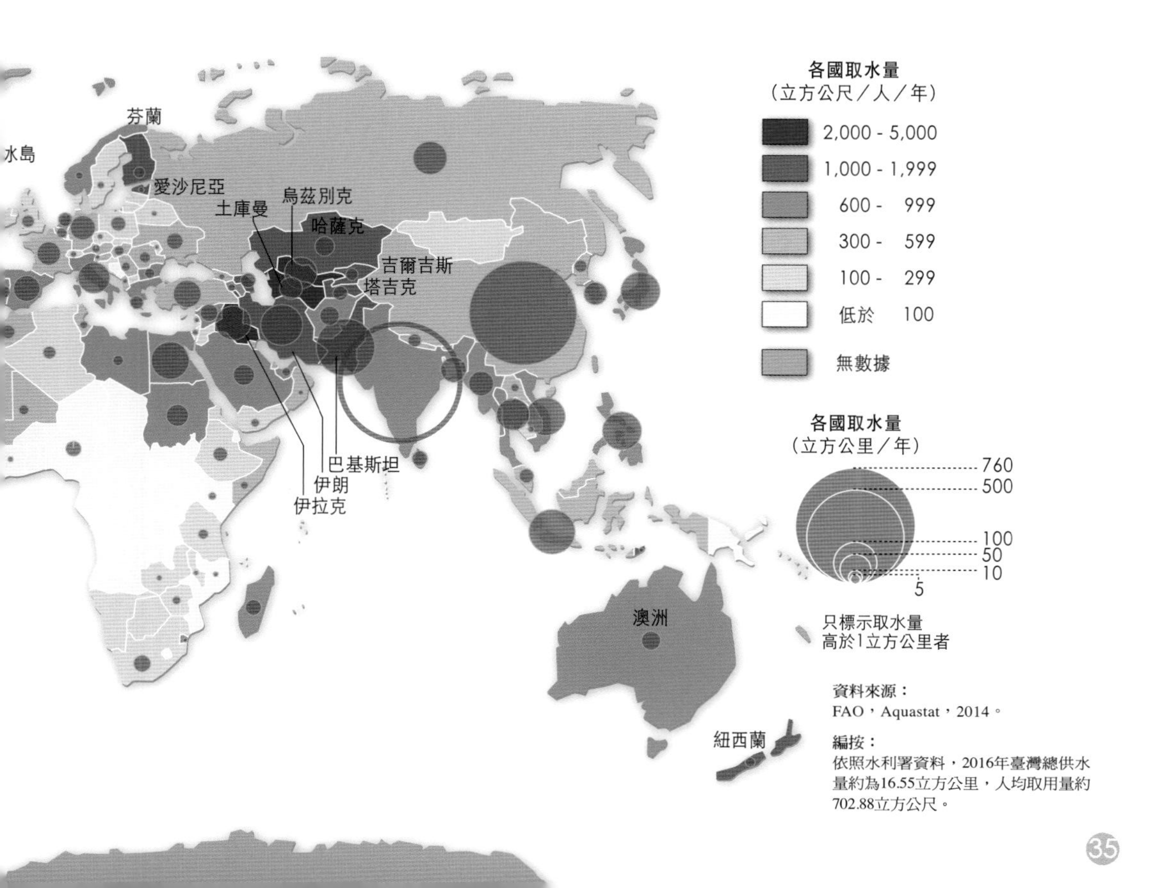

芬蘭
冰島
愛沙尼亞
烏茲別克
土庫曼
哈薩克
吉爾吉斯
塔吉克
巴基斯坦
伊朗
伊拉克
澳洲
紐西蘭
各國取水量
（立方公尺／人／年）
2,000 - 5,000
1,000 - 1,999
600 - 999
300 - 599
100 - 299
低於 100
無數據
各國取水量
（立方公里／年）
760
500
100
50
10
5
只標示取水量
高於1立方公里者

資料來源：
FAO，Aquastat，2014。

編按：
依照水利署資料，2016年臺灣總供水量約為16.55立方公里，人均取用量約702.88立方公尺。

水資源的汲取與消耗（II）：農業部門

全球設有灌溉設備的土地有三億兩千五百萬公頃，相當於20%的耕地，卻提供了全世界40%的農業生產。由此可知灌溉農業在全球農產上的重要性：農業生產的成長不能沒有灌溉。此外，灌溉面積正持續成長，從1973到2013年，總灌溉面積由一億九千六百萬公頃提升到三億兩千五百萬公頃。取水量未必因此同步成長，因為技術的改善足以讓我們用更少的水來生產更多的農作。

灌溉技術的發展

就世界各國的灌溉分布圖來看，某些地區特別引人注目：亞洲的灌溉稻作區，中亞的綠洲，地中海地區廣大的灌溉區，還有美國西部、澳洲以及南非。更精準的地圖則顯示出主要的灌溉區只限於幾個特定區域：如印度河和恆河流域的平原、東南亞和東亞，而且特別集中於大型三角洲，如中東和北非大型河川的沿岸地帶（底格里斯河、幼發拉底河和尼羅河）。

安達魯西亞南部的灌溉區
3 公里
達利亞斯
咖多爾山脈
通往阿美里亞
厄爾埃希多
達利亞斯平原
濱海羅克塔斯
通往瑪拉加
西班牙
安達魯西亞
巴勒馬
鹽場
阿美里馬爾
海水滲透
地中海
溫室農業覆蓋的範圍
1985年
2006年
灌溉
運河或引水道
水管
調節池
海水淡化工廠（建造中）
都市區域

資料來源：Diercke Weltatlas，2008。

密集的灌溉農作

達利亞斯平原（car
de Dalias）位於
牙東南部，距離阿
亞（Almería）約3
里，是一個面積不
沿海平原。當地陽
足又非常乾燥，且
的咖多爾山脈（S
de Gador）擋住南
北風。過去這個地
常貧窮，這五十多
則發展迅速，西班
1986年加入歐洲經
同體（CEE[7]），更
大助力。當地的產
要是以密集灌溉農
方式生產非當季作
銷往歐洲北部市場
們以馬達抽出地下
灌溉將近兩萬公頃
外國勞工為主要人
溫室農作。今天這
區面臨著嚴重的環
題，以及來自西北
家的競爭。

過去灌溉農作集中於少數區域，也只針對某些特定農作（亞洲的水稻、地中海沿岸的柑橘），今天則擴展到過去沒有這項技術的地方：從1975到2015年，丹麥的灌溉面積總共成長了150%，達到44萬公頃。灌溉技術應用於多種作物，可以增加每年的收穫量並且保持穩定。

如是說

灌溉技術的發展、肥料的使用、高產量的品種，都是印度綠色革命的基礎。其成果：小麥的灌溉面積從1960年的33%提升到1990年的81%。

在1988到2013年間，法國的灌溉總面積由180萬公頃成長到280萬公頃（成長55%）。但成長最高的地區不是地中海地區也不是亞奎丹盆地（Bassin aquitain），而是巴黎盆地南方，尤其是波司農業區（Beauce），例如在羅瓦黑省（Loiret）30%以上的農業用地都有灌溉設備。

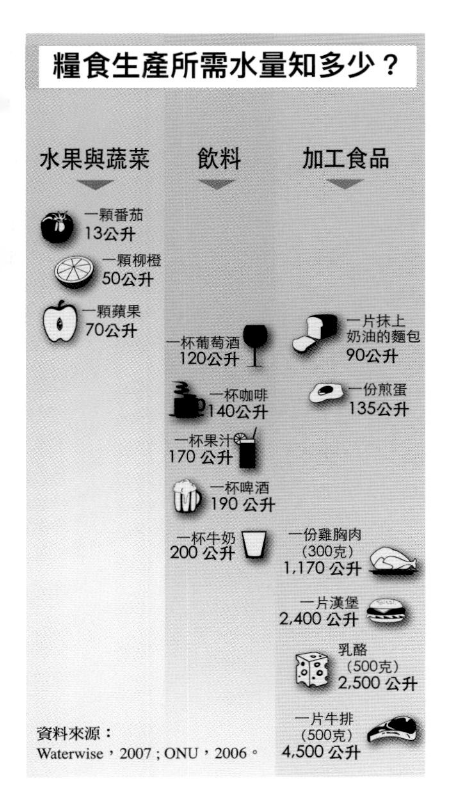
糧食生產所需水量知多少？
水果與蔬菜
飲料
加工食品
一顆番茄
13公升
一顆柳橙
50公升
一顆蘋果
70公升
一杯葡萄酒
120公升
一杯咖啡
140公升
一杯果汁
170公升
一杯啤酒
190公升
一杯牛奶
200公升
一片抹上奶油的麵包
90公升
一份煎蛋
135公升
一份雞胸肉
(300克)
1,170公升
一片漢堡
2,400公升
乳酪
(500克)
2,500公升
一片牛排
(500克)
4,500公升
資料來源：
Waterwise，2007；ONU，2006。

水與農業

農業取水量

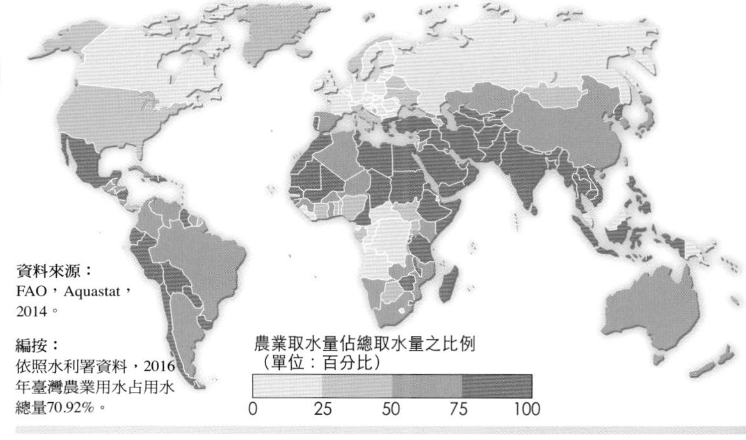
農業取水量佔總取水量之比例
（單位：百分比）
0
25
50
75
100
資料來源：
FAO，Aquastat，2014。

編按：
依照水利署資料，2016年臺灣農業用水占用水總量70.92%。

農業所消耗的水資源

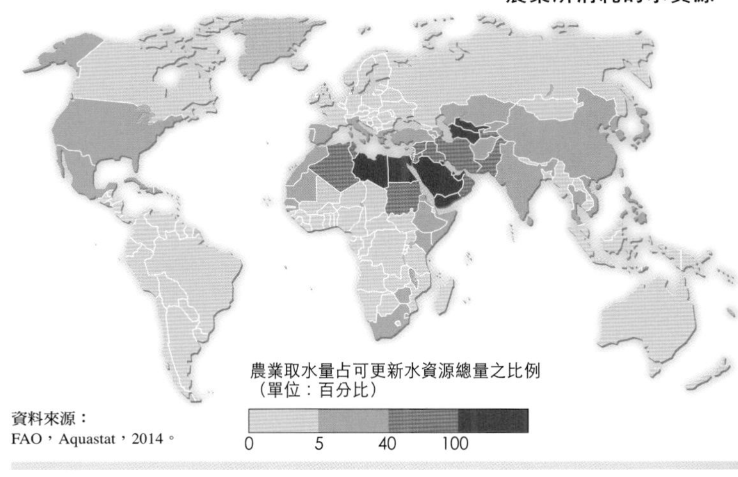
農業取水量占可更新水資源總量之比例
（單位：百分比）
0
5
40
100
資料來源：
FAO，Aquastat，2014。

灌溉

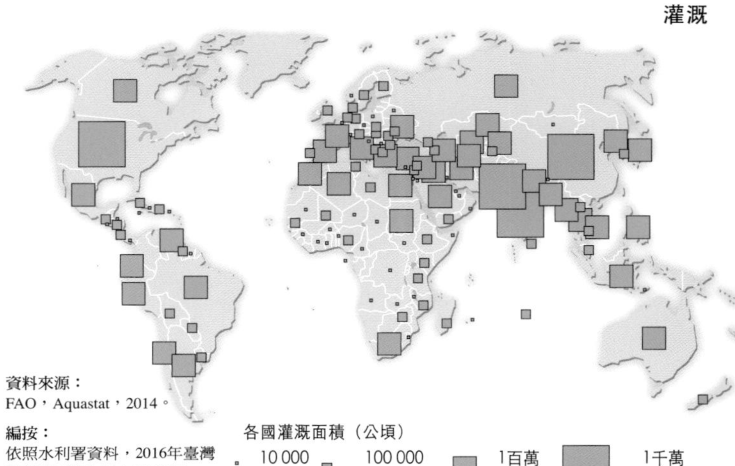
各國灌溉面積（公頃）
10 000
至99 000
100 000
至999 000
1百萬
至1千萬
1千萬
至6千萬
資料來源：
FAO，Aquastat，2014。

編按：
依照水利署資料，2016年臺灣灌溉地面積為384,402公頃。

7 譯者注：
即La Communauté économique européenne，是當今歐盟的前身。

水資源的汲取與消耗（III）：工業部門

水是工業革命不可或缺的要素：水能製造能源，過去人類利用山上的激流推動發電設備，到了20世紀則建蓋了以水力發電為用途的水壩；水也可用來生產蒸氣或冷卻機器設備；最後，水還是眾多化學處理過程中的溶劑。在後進國家，隨著經濟發展，工業用途的取水量正在快速增長。工業部門是一個在很短的時間內就可用合理價格節省大量用水的部門：在先進國家，工業用水的取水量和消耗量已經降低，而工業產能保持不變。

參差不齊的現象

在工業部門，水源的取用和消耗之間的關係相當不一。就生產電力而言，水的汲取量很大，但消耗量通常很小：在核能電廠中，唯一被消耗的水，是在冷卻過程中蒸發掉的，不到取水量的5%。相反的，在造紙業等產業中，消耗的水相對於汲取量卻是很大的，而且若無適當處理，在工廠原地排出的水質非常惡劣。

隨著科技的進步，工業的取水量和消耗量是可以降低的，而且排水的水質也可以改善：因此，隨著製造過程的不同，生產某些產品需耗用的水量可達一到十倍的差異。

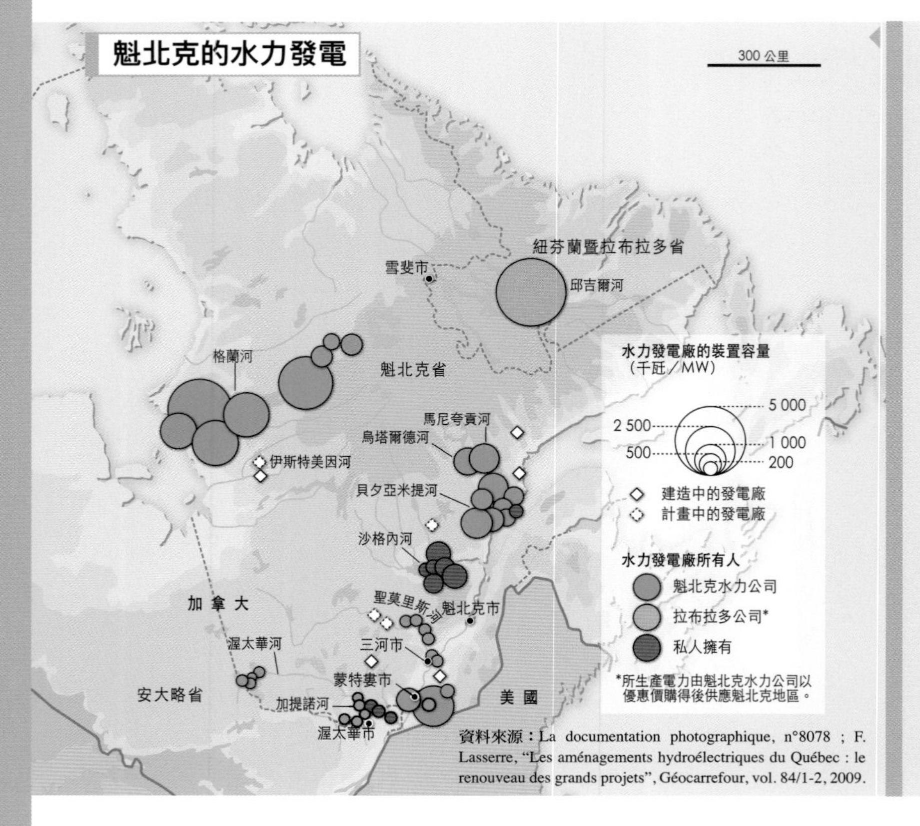

魁北克的水力發電
300 公里
紐芬蘭暨拉布拉多省
雪斐市
邱吉爾河
格蘭河
魁北克省
馬尼夸貢河
烏塔爾德河
伊斯特美因河
貝夕亞米提河
沙格內河
加 拿 大
聖莫里斯河
魁北克市
三河市
渥太華河
蒙特婁市
安大略省
加提諾河
渥太華市
美 國
水力發電廠的裝置容量
（千瓩／MW）
5 000
2 500
1 000
500
200
建造中的發電廠
計畫中的發電廠
水力發電廠所有人
魁北克水力公司
拉布拉多公司*
私人擁有
*所生產電力由魁北克水力公司以優惠價購得後供應魁北克地區。

資料來源：La documentation photographique, n°8078 ; F. Lasserre, "Les aménagements hydroélectriques du Québec : le renouveau des grands projets", Géocarrefour, vol. 84/1-2, 2009.

政治決心

1950 年起，魁北克水力公司便在聖羅蘭河（Saint Laurent）流域大興土木。這些計畫有其經濟目的——回應成長迅速的經濟發展所帶來的爆炸性電力需求，但也有其政治目的。當時魁北克自由派的總理傑克．列薩茲（Jacques Lesage）在 1962 年 11 月表示：「屬於魁北克人民的，就應該還給魁北克人民；我們最大的資產，就是電力。就從現在開始，我們要當家作主。」

於是，1970 年代興起規模更加龐大的發展計畫，特別是詹姆斯灣計畫（Projet de la Baie James）裡針對格蘭河（La Grande）所規劃的建設，包括興建八座發電廠，數條江河將被截取改道，影響總面積達 35 萬平方公里。

顯著的南北差異

就全球而言，工業部門的取水量是每年768立方公里，等同於總取水量的19%。其中60%集中於歐洲和北美——單美國一年的取水量便達248立方公里。亞洲的工業取水量在快速成長中，特別是中國，其2013年時的取水量已達140立方公里，而在1980年時為45立方公里、1993年為92立方公里。印度（每年35立方公里）的成長速度則不相上下。但與歐洲和北美相反的是，相對於灌溉用水的比例，中國和印度的工業取水量占比仍然偏低。

在此必須特別提出的是水力發電，在挪威或紐西蘭等國家，幾乎全國電力都由此種再生能源提供。全球水力發電裝置容量約是1,212吉瓦（GW），相當於總發電容量的16%。幾乎所有的歐洲國家都有水力發電廠，法國也是（它是全球第十大電力生產國，共有25吉瓦的水力發電裝置容量，相當於總發電容量的15%）。不過，在中國（裝置容量145吉瓦）、美國（101吉瓦）、加拿大（79吉瓦）與巴西（91吉瓦）這四個發電大國，仍有許多建設水力發電廠的空間。總之，雖然這項能源是可再生的，給河川帶來的生態影響卻是深遠的，這是為何每當要興建新的水力電廠，總會引起強大的反對力量。

工業取水量與水力發電量

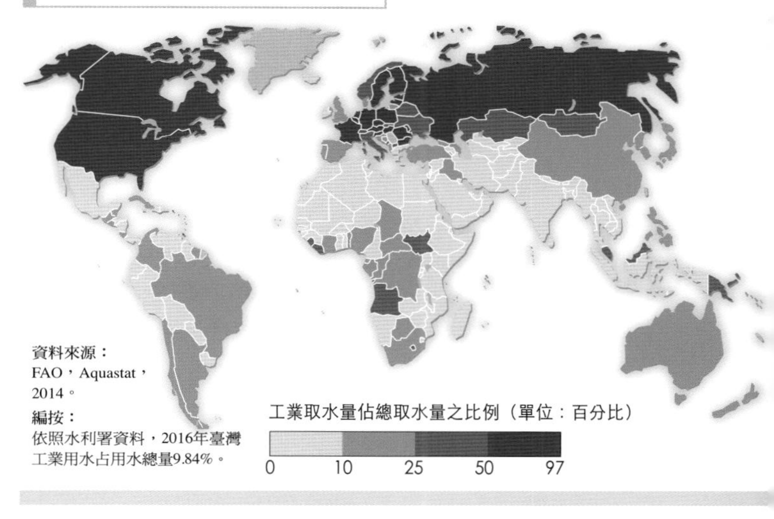

工業取水量
資料來源：
FAO，Aquastat，
2014。
編按：
依照水利署資料，2016年臺灣
工業用水占用水總量9.84%。
工業取水量佔總取水量之比例（單位：百分比）
0
10
25
50
97

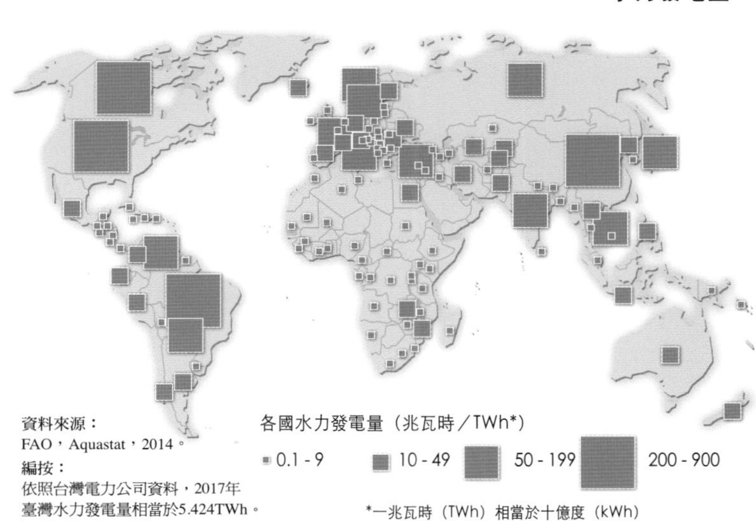

水力發電量
資料來源：
FAO，Aquastat，2014。
編按：
依照台灣電力公司資料，2017年
臺灣水力發電量相當於5.424TWh。
各國水力發電量（兆瓦時／TWh*）
0.1 - 9
10 - 49
50 - 199
200 - 900
*一兆瓦時（TWh）相當於十億度（kWh）

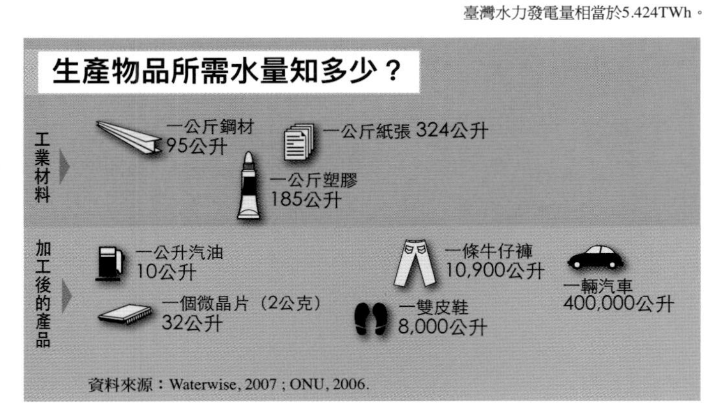

生產物品所需水量知多少？
工業材料
一公斤鋼材
95公升
一公斤紙張 324公升
一公斤塑膠
185公升
加工後的產品
一公升汽油
10公升
一條牛仔褲
10,900公升
一輛汽車
400,000公升
一個微晶片（2公克）
32公升
一雙皮鞋
8,000公升
資料來源：Waterwise, 2007 ; ONU, 2006.

如是說

曾有很長一段時間，因為可以重複再生又不汙染，所以水力發電被視為能源問題的理想解決方案。當時並未考慮到大型水壩所帶來的環境後果。

水資源的汲取與消耗（IV）：民生用水

就全球總取水量而言，用於自來水的比例很低。關於自來水用量有兩個完全相反的現象。在已發展國家，自來水已經普及，都市用水也趨於穩定、甚至出現負成長，這是因為整個供水系統的技術大有改善，加上電器用品的改良，還有消費者意識的改變。相反的，在世界其他角落，超過十億以上的人口並沒有最低限度的自來水供給，這些地區的取水量正快速增加，除了人口成長的因素，有時則是生活品質提升所致。

不平等的供給現象

民生用水只佔全球取水量約十分之一的比例。這個數值在各國間略有差異，在最貧窮的國家只占幾個百分比，而在已發展國家則高達10至20%。日常生活的最低需求，例如用來料理食物和衛生洗滌的水量大約是每人每天25公升。若要達到舒適的程度，至少每人每天要100公升。已開發國家都在這個標準以上。比較節約用水的國家，平均用水只略微超過這個標準（比利時是每人每天112公升）。用水比較奢侈的國家可超過200公升（加拿大是326公升，美國295公升，日本278公升）。

全世界自來水的分布圖相當忠實地反應了經濟發展程度。先進國家人民普遍享有自來水服務，且都受到法律保障，供水不間斷、水質也良好。相反的，在最貧窮的國家，自來水服務很差，供水往往不定（每天供水可能只有某幾個小時，也可能連續斷水數天），品質時好時壞，通常也不能生飲。

巴黎市民生用水引水系統

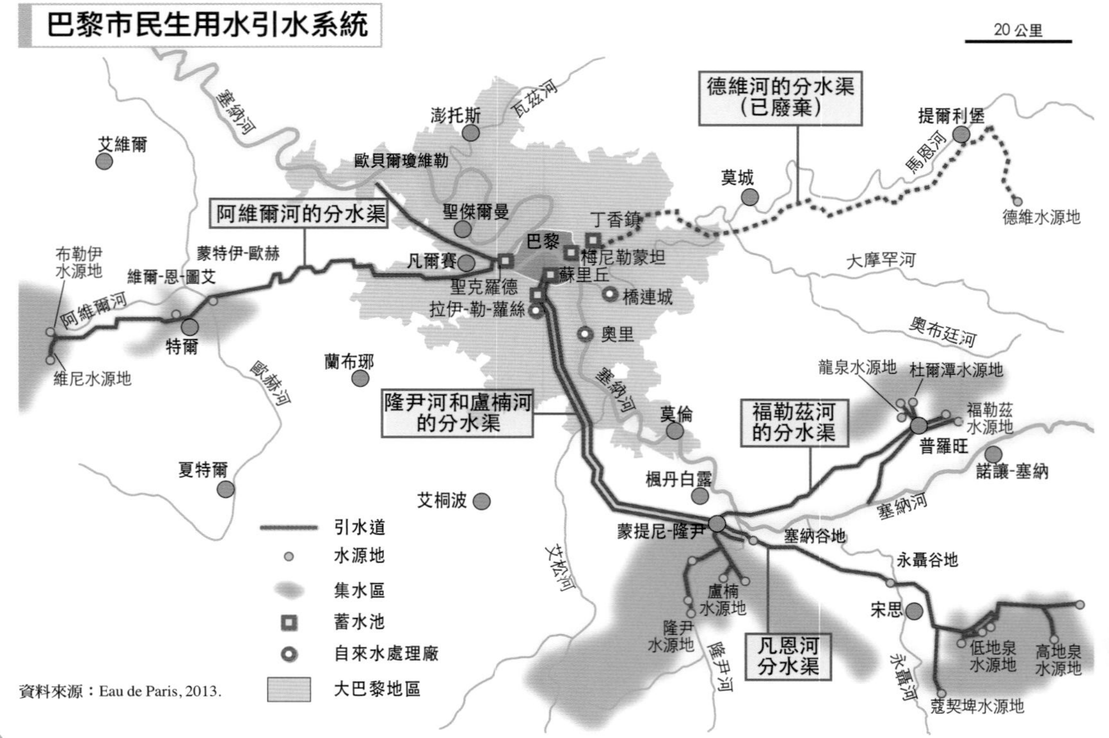

20 公里
塞納河
瓦茲河
澎托斯
艾維爾
歐貝爾瓊維勒
德維河的分水渠（已廢棄）
提爾利堡
馬恩河
莫城
德維水源地
阿維爾河的分水渠
聖傑爾曼
丁香鎮
巴黎
布勒伊水源地
蒙特伊-歐赫
凡爾賽
梅尼勒蒙坦
維爾-恩-圖艾
聖克羅德
蘇里丘
大摩罕河
阿維爾河
拉伊-勒-蘿絲
橋連城
特爾
奧里
奧布廷河
維尼水源地
歐赫河
蘭布瑯
塞納河
龍泉水源地
杜爾潭水源地
隆尹河和盧楠河的分水渠
莫倫
福勒茲河的分水渠
福勒茲水源地
普羅旺
諾讓-塞納
夏特爾
楓丹白露
艾桐波
塞納河
蒙提尼-隆尹
塞納谷地
艾松河
永聶谷地
盧楠水源地
宋思
隆尹水源地
凡恩河分水渠
低地泉水源地
高地泉水源地
隆尹河
永聶河
蔻契埤水源地
引水道
水源地
集水區
蓄水池
自來水處理廠
大巴黎地區

資料來源：Eau de Paris, 2013.

巴黎的自來水系統

今天巴黎的供水情況大致良好，因為整個地區擁有充沛流水和地下水源。不過，直到19世紀為止，巴黎的引水系統無論是水質或水量都問題重重。隨著人口增加，傳統供水系統（挑水人、公共飲水點）皆不足以維持首都最低的衛生要求。事實上，是因為霍亂等傳染病才促使巴黎政府決心澈底解決這個夢魘。

從19世紀中期到1920年代為止，整治重心都在引水渠道此一環節上，做法是從遠處截取水源〔例如阿維爾河（Avre）、凡恩河（Vanne）、隆尹河（Loing）、德維河（Dhuis）〕，然後用引水道輸送到主要的蓄水池。直到今天，這些地下泉水仍供應巴黎市內一半以上的用水。另外一半的用水則來自河川上游的處理站，一是塞納河的伊斐處理站（Ivry），另一是馬恩河（Marne）的橋連城處理站（Joinville），分別建造於1890和1893年。1969年開始運轉的奧里水廠（Orly）則使整個系統更加完整。

1930年起，經費則主要挹注於汙水處理的問題，此時期建蓋的阿榭兒汙水處理廠（Achères，1940年）是世上最大的汙水處理廠之一。這座處理廠也隨著除汙標準不斷地提高而持續更新設備並擴大規模。

全球自來水可及性與民生用水量

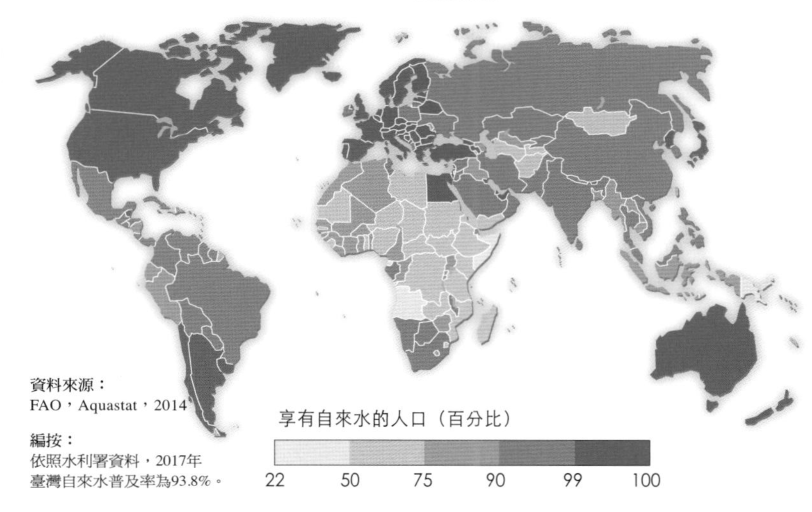

自來水可及性
享有自來水的人口（百分比）
22
50
75
90
99
100

資料來源：
FAO，Aquastat，2014

編按：
依照水利署資料，2017年臺灣自來水普及率為93.8%。

民生用水量
民生用水量（立方公尺／人／年）
0
10
50
100
1立方公尺=1,000公升

資料來源：
FAO，Aquastat，2014

編按：
依照水利署資料，2016年臺灣民生用水量約為每人135.23立方公尺。

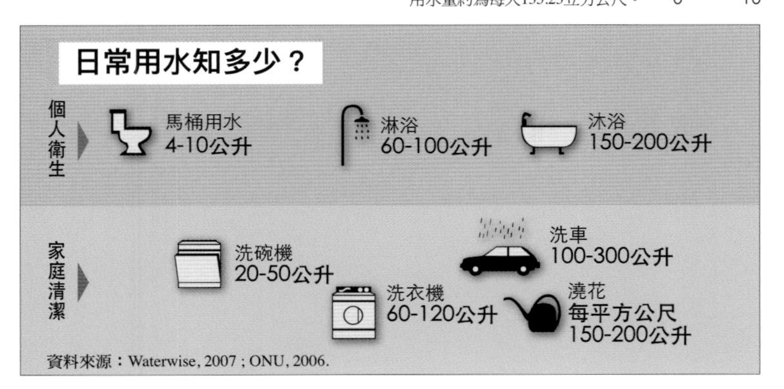

日常用水知多少？
個人衛生
馬桶用水
4-10公升
淋浴
60-100公升
沐浴
150-200公升
家庭清潔
洗碗機
20-50公升
洗車
100-300公升
洗衣機
60-120公升
澆花
每平方公尺
150-200公升

資料來源：Waterwise, 2007 ; ONU, 2006.

如是說

自來水供給的不平等，凸顯了全球不平等的事實：一個北美洲的居民平均每天使用250公升以上的自來水，但世上有十一億人連自來水都沒有。

小結

傲人的技術成就

偉大的治水技術——灌溉農業、興築水壩、鋪設引水道——自古代發明後，就不斷地革新改良。而自工業革命以來，這些技術的規模改變了：當今工程師在施展技術時，唯一的限制是經費與對環境的負面衝擊。這些宏偉的水壩和壯觀的引水渠道，讓世界上不斷成長的需求得到滿足。

水資源的耗用與汲取

技術的進步使得自河川和地下水層的取水量快速成長。若說今天在已開發國家每人每天的直接用水量平均是100多公升，據估計，必須汲取約5,000公升的水才能生產每天的食物需求，這還不包括用以生產其他日常消費品、冷卻核能電廠、或是供給水力發電廠的取水量。雖然汲取來的水中，極大一部分又排放到河川中，但是水質往往很差，必須以高昂代價來處理。

Atlas
mondial de l'eau
Défendre et partager notre bien commu

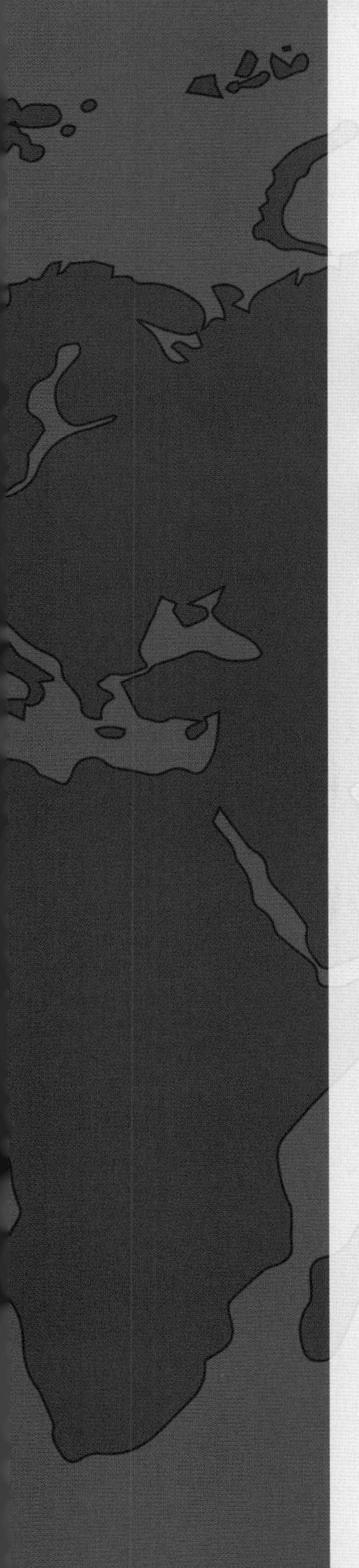

備受威脅的資源

1986年，位於巴賽爾（Bâle）的山德士化學工廠（Sandoz）發生火災，導致萊茵河前所未有的汙染，災情擴及荷蘭邊境。三十多年來，這類災害促使已開發國家針對工業風險及都市汙染源對水資源的威脅，採取更積極的保護措施。

相反的，開發程度較低的國家面臨的問題則是沒有衛生設施而產生的「典型」汙染，這也是疾病的來源。在成長迅速的國家，例如中國與印度，水資源面臨各形各樣的破壞：有機汙染、礦場或是工廠排汙所造成的點源工業汙染、因為肥料和殺蟲劑使用持續增加而導致的非點源農業汙染，交通設施和都市化過程也毀滅了濕地環境。

大型水壩建設的效應

1970年代時，大型水壩被視為最尖端的水利建設，尤其是「多目標」大型水壩，今天卻備受批評。這不只是因為水壩引起嚴重的環境破壞，也是因為與大型水壩相關的巨型灌溉計畫面臨經濟挫敗，還有建造過程引發的社會動盪（強制遷移、社會不平等）。建造大型水壩的工程在今天依然面臨著強大阻力，例如印度納馬達河（Narmada）整治計畫就遭強烈反對。

小而美？

若說大型水庫今天備受爭議，我們卻不可因此忽略了小型水庫的效應。從1970年代起開始出現大量的小型水利工程，目的是為了在窪地或較淺的河段製造小型人工湖，尤其是熱帶地區和地中海沿岸。小型水庫被視為取代大型建設的有效辦法：小型水庫價格低廉，可以用來保護水源，使農業灌溉面積擴大，創造有利於多元多樣動植物生存的濕地。小型水庫也促進地下水的補注。不過，截至目前為止，大量小型水庫所產生的長期後果仍是未知數，例如，這些小型人工湖泊有可能成為某些與水有關的疾病的淵藪。

如是說

「大型水壩上場時掌聲熱烈，下台時飽受噓聲。有一段時期大型水壩是萬人迷，每個人都搶著要。現在這一切都結束了。」

——阿蘭達蒂·洛伊（Arundhati Roy），〈更大的公益〉（The Greater Common Good），1999年。

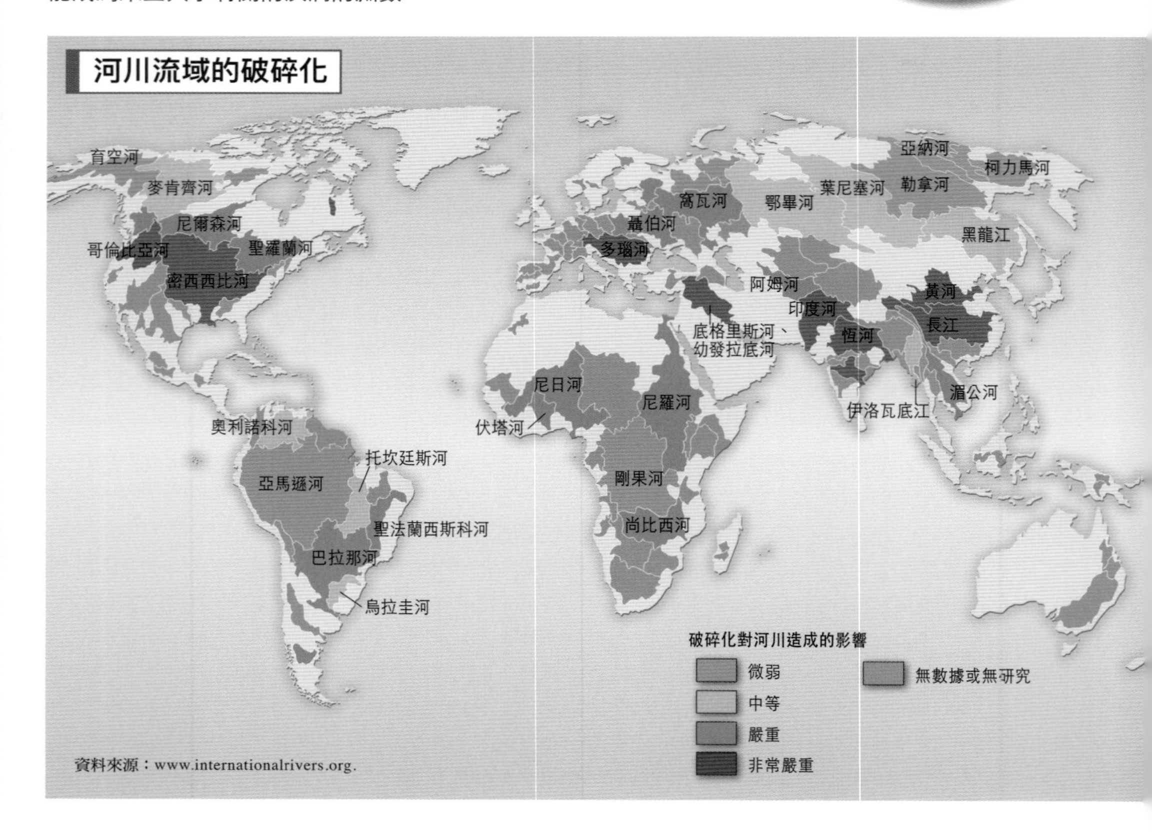
河川流域的破碎化
育空河
麥肯齊河
尼爾森河
哥倫比亞河
聖羅蘭河
密西西比河
奧利諾科河
托坎廷斯河
亞馬遜河
聖法蘭西斯科河
巴拉那河
烏拉圭河
亞納河
柯力馬河
葉尼塞河
勒拿河
窩瓦河
鄂畢河
聶伯河
黑龍江
多瑙河
阿姆河
黃河
印度河
底格里斯河、幼發拉底河
恆河
長江
尼日河
尼羅河
湄公河
伊洛瓦底江
伏塔河
剛果河
尚比西河
破碎化對河川造成的影響
微弱
中等
嚴重
非常嚴重
無數據或無研究
資料來源：www.internationalrivers.org.

流量的巨變

大型水壩對河川造成的擾亂有兩種：一方面，因為水庫存水的蒸發作用，整體可用水量便降低了。另一方面，為了持續供水給下游用戶，水壩讓河川的流量變得「平順穩定」，也因此改變了水文韻律。然而絕大部分生物的維生都是因應著河川的自然韻律。以濕地來說，其生態系統無法承受長期性的淹水或是缺水，只有一漲一退的水位才能維持正常運作。為了緩和水流量固定所造成的生態干擾，水庫管理單位採行多種補救策略。今天大部分的河川在水壩下游地區都設定了「生態基準流量」（débit réserve），以保障生態系統最低程度的運作。某些管理處做得更徹底：在嚴密的監控下，科羅拉多河的管理中心實施特別的洩洪，以「仿製」在水壩建蓋前的泛濫現象。但是這些措施仍不足以重現完整的生態系統，例如巨型水壩往往是魚類迴游時無法克服的難關。

干擾河川沖積：尼羅河之例

河川除了有水的流動之外，也運載固體物質：夾帶沉積物最多的河流（如中國的黃河）每年可載送九億公噸以上的沉積物。大型水壩使這些泥沙的流動受阻，並逐漸地堆積於壩底。這是為何水壩的壽命有限，雖然有些可延續好幾個世紀，在沖蝕現象特別嚴重的地方則只有數年光景。
這種干擾在尼羅河流域特別明顯：亞斯文大壩擋住從衣索比亞高原沖刷下來的珍貴軟泥，而原本這些河泥能讓農田自然而然變得肥沃。越往下游，沉積物的匱乏使尼羅河三角洲退縮。一旦同時遇上海水高漲，此一現象將使六百萬以上人口受苦受難。

水壩對橘河造成的影響

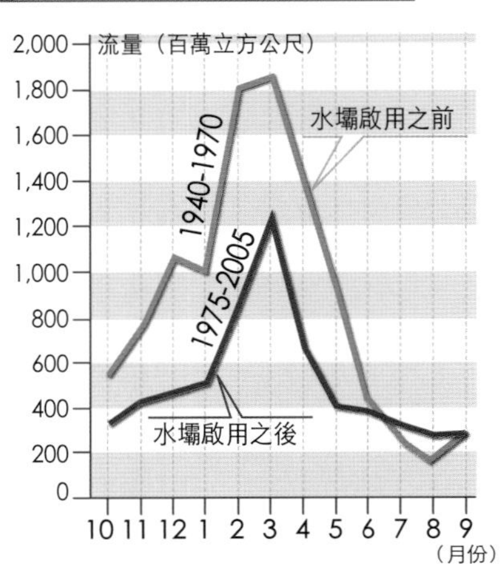
流量（百萬立方公尺）
2,000
1,800
1,600
1,400
1,200
1,000
800
600
400
200
0
1940-1970
水壩啟用之前
1975-2005
水壩啟用之後
10 11 12 1 2 3 4 5 6 7 8 9
（月份）

資料來源：DWAF，section d'Upington，Afrique du Sud。

尼羅河三角洲與海平面上漲

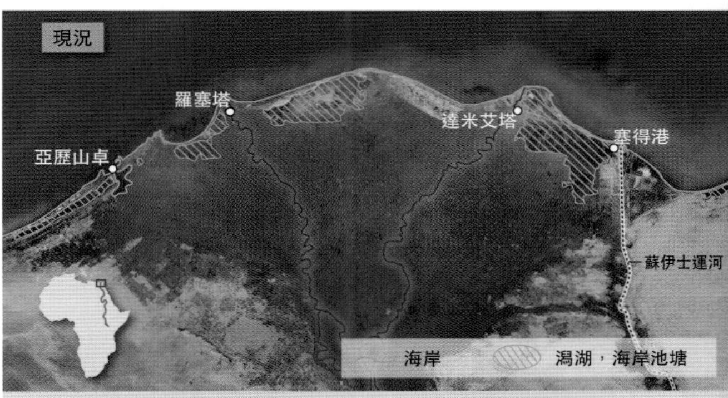
現況
羅塞塔
達米艾塔
塞得港
亞歷山卓
蘇伊士運河
海岸
潟湖，海岸池塘

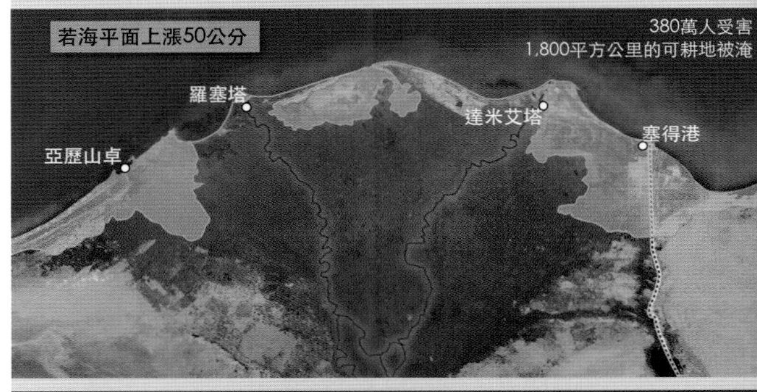
若海平面上漲50公分
380萬人受害
1,800平方公里的可耕地被淹
羅塞塔
達米艾塔
塞得港
亞歷山卓

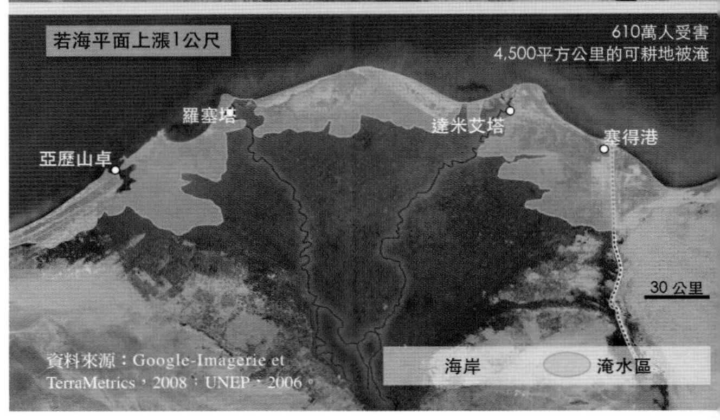
若海平面上漲1公尺
610萬人受害
4,500平方公里的可耕地被淹
羅塞塔
達米艾塔
塞得港
亞歷山卓
30公里
海岸
淹水區

資料來源：Google-Imagerie et TerraMetrics，2008；UNEP，2006。

苟延殘喘的濕地

沼澤、泥塘、窪地：長久以來濕地惡名昭彰，被當作是土匪窩、疾病溫床等不一而足。「瘧疾」的法文“paludisme”就是從拉丁文的“palus”來的，即沼澤（marais）的意思，而“palus”也經常出現在法國的地名中。濕地的用處與價值卻是最近才被重新認可，實在有些晚了。現在雖有保護措施，效果依然有限：尤其在已開發國家，不管是因為直接因素（排水、交通建設）還是間接因素（整治河川水流），很大一部分的濕地都已經消失了。

價值連城的寶藏

在濕地內，水乃是影響自然環境的主要因素，也主導著整個區域的動植物生態。濕地通常位在含水層很接近地表或是露出地表的地方，抑或是淺灘地。全世界有將近六億公頃的濕地。有些濕地可廣達數千公頃，像是波札那的奧卡凡哥河三角洲，但大部分的面積都很有限。

濕地經常被比喻為腎盂，因為它可以過濾汙染物、攔截沉澱物和含有農藥的肥料殘餘。這套機制也被應用於當今的汙水處理技術。濕地原本就是洪水氾濫時期擴散之處，它在調節水文韻律上扮演了重要角色，可大幅減緩水流高漲的速度。又因為濕地強盛的生命力，它提供了大量的食物，在貧窮國家尤為重要。最後，因為濕地環境多采多姿，所以生態豐富。法國50%的鳥類、30%受威脅的植物都生長在沼澤濕地。濕地是眾多魚類繁殖週期裡不可或缺的一角。日本最新的研究指出，過去不受青睞的濕地所提供的「服務」，每年每公頃價值超過1,400美元。

如是說

據估計，在一整個20世紀裡，法國失去了三分之二的濕地。整體濕地面積在1950到1990年間減少了一半。

諾曼第大區的水利建設

英吉利海峽　勒阿弗爾　奧累河　貝約　維爾河　芒什省　聖羅　奧恩河　康城　利秀　卡爾瓦多斯省　維河　迪維河　奧恩省　阿戎坦

■ 水壩　■ 水堰　□ 已被拆除者

資料來源：Anthime MAILLE, ANR REPPAVAL (https://reppaval.hypotheses.org/826)

拉姆薩濕地的數量變化

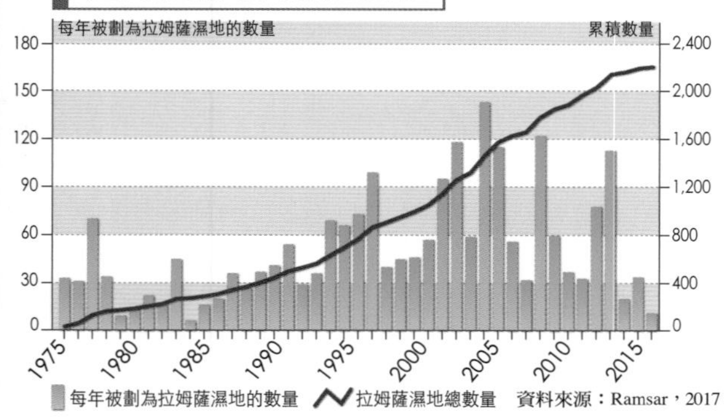
每年被劃為拉姆薩濕地的數量
累積數量
180
150
120
90
60
30
0
2,400
2,000
1,600
1,200
800
400
0
1975
1980
1985
1990
1995
2000
2005
2010
2015
每年被劃為拉姆薩濕地的數量
拉姆薩濕地總數量
資料來源：Ramsar，2017。

濕地所受到的威脅破壞

雖然濕地在中世紀屬於混合農業（système agropastoral）的一環，在現代，卻因衛生和經濟理由而快速消失，因為一旦排水整治後，濕地就變成平地，也很接近主要的交通幹道。

法國在1950到1990年間喪失了約一半的濕地。有時候是在整地時被刻意摧毀的，或是因為築堤或挖掘建築原料（河邊的泥沙、砂石、礫石）所致。

不過，濕地所承受的破壞也會來自比較遙遠的地方，例如河川整治和上游汙染物質的排放。濕地的水生生態系為何普遍出現魚類和鳥禽物種減少的情況，大部份都是這類因素所致。

水生環境的生態復育

1970年代起，由於水生環境受損的危機意識興起，促成了許多歐洲國家開始設立法律規章以保護濕地。二十多年來，一些條件合適的地方，都實施了水生環境的修復計畫。修復的方式是拆掉以前建蓋的水壩，以人工方式再造濕地，或者讓河川回復原有的彎道以重新調整流水路線。這些做法的目的在於恢復一些可改善河川運作的水文機制——尤其是河川的自淨功能——希望消失的動物能回歸，並讓河川景觀更優美動人。不過，這些「生態復育」也不是沒有問題的。破壞之前的水利建設，有時是很久遠前的設施，會讓河川兩岸的居民擔心洪水復發，並且造成財產損失，之後又需要予以補償。而且一旦經過人工整治，往往很難斷定什麼是河川的自然狀態。所有的復育計畫都應該持戒慎警懼之心，以免弄巧成拙。

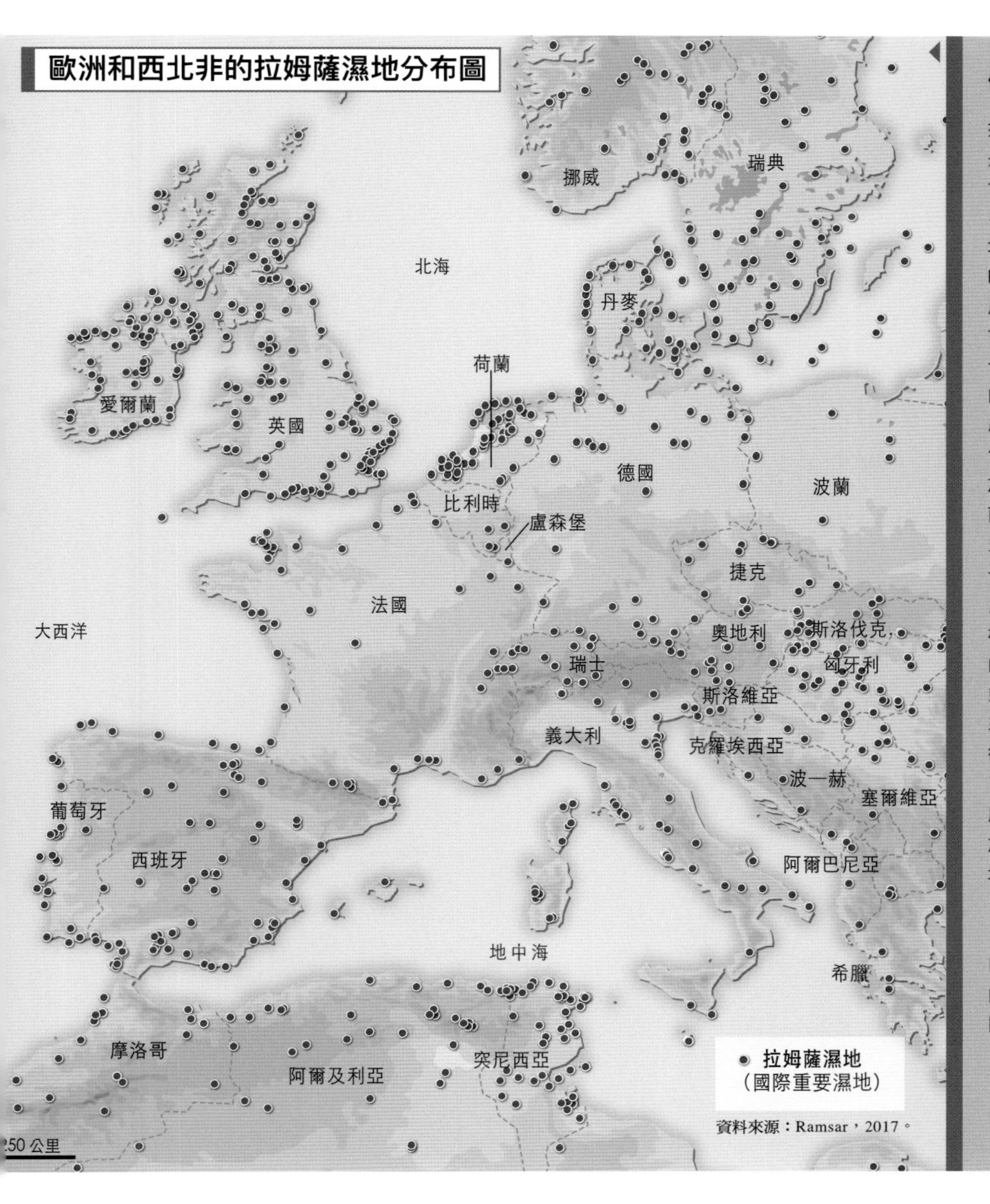
歐洲和西北非的拉姆薩濕地分布圖
挪威
瑞典
北海
丹麥
荷蘭
愛爾蘭
英國
德國
波蘭
比利時
盧森堡
捷克
法國
大西洋
奧地利
斯洛伐克
匈牙利
瑞士
斯洛維亞
義大利
克羅埃西亞
波一赫
塞爾維亞
葡萄牙
西班牙
阿爾巴尼亞
地中海
希臘
摩洛哥
阿爾及利亞
突尼西亞
拉姆薩濕地
(國際重要濕地)
資料來源：Ramsar，2017。
250 公里

保護濕地

提出保護濕地的措施是最近的事情。

1971 年的國際條約，名之為拉姆薩國際溼地公約（Convention Ramsar，源出於一座伊朗城市），共有 163 國簽署，保護了一億九千七百萬公頃的濕地（分布於 2,065 處）。法國計有 42 個濕地保護地，相當於 350 萬公頃。拉姆薩濕地公約的強制力並不高，它只是倡導一種「合理的濕地使用方式」，定義也很模糊：「在永續發展的前提下，藉由以生態系統為導向的措施來維護濕地的生態特徵」。這就是為何除了遵行公約之外，還應該輔以其他補強措施。例如在歐洲，濕地的保護主要是透過《2000 年自然憲章》（Natura 2000），因為這項計畫大部分的內容都與濕地有關。

地下水源的過度開發

人類大量抽取地下水，是因為目前為止對這種資源所知有限，也以為地下水是取之不竭的。如果不超過每年更新的速度，地下水的抽取有可能是永續的。不過，人們用水的方式往往很短視，總是把水源抽到耗盡為止，尤其在乾燥地區的新農業灌溉區。例如在沙烏地阿拉伯，有人會說他們開採水源的方式「像採礦一般」。另一個迷思則是：地下水是純淨的。地下水質受創是比較看不出來的，不過今天許多地下水層都受到汙染。這是一個緩慢的過程，相關研究還很少，對後代子孫來說，這將是個艱難、漫長又代價高昂的問題。

過度開發的資源

雖說地下水源不會像水流般乾枯，過度開發的徵兆則全球皆然：地下水層的「頂層」下陷，然後就必須往更深處抽水。有時後果相當淒慘：在墨西哥市，地下水層在五十年間下陷了好幾公尺，許多建築物因此傾斜不穩。美國奧加拉拉（Ogallala）的巨大含水層中，某些地方下陷近30公尺之多。

當一個地下水層被抽乾時，從那裏流出來的泉水也隨之枯竭，若是在海邊，就會形成一個被海水滲入的「鹽化區」，抽出來的水也無法飲用。這是最依賴此一水源的非洲北部和西亞國家的現況。在某些地方，如同中國北部的平原，水源枯竭的速度相當快，因此所有的用水，特別是傳統農業用水的方式都受到影響。

撒哈拉沙漠的水：永續方案？

阿爾及利亞到沙烏地阿拉伯這一片沙漠地帶，自從發現豐沛的地下化石水後，農業發展便突飛猛進。到處可見現代化的灌溉區，圓盤狀的外觀，十分容易辨認。這些地下水源是撒哈拉沙漠還很多雨潮濕時形成的，現在幾乎不再更新了。撒哈拉沙漠北方的含水層就是如此，其範圍廣達一百萬平方公里，蘊藏了30兆立方公尺的淡水。

而在資源較不充沛的地區，例如沙烏地阿拉伯，由於水源枯竭、高漲的開發費用，農業用途的地下水開採似乎已經達到了極限：如果必須挖掘更深處的水源，費用還會更高。

這種「採礦一般」的農業型態，為傳統綠洲農業地區帶來了嚴重的社會問題。在密集農業的區域內過度開發地下水源，使得傳統的水源和水井乾枯：沒有資金挖掘更深水源的農夫只能放棄生產，許多人遷居到都市或是其他國家。

如是說

由於過度抽取地下水的關係，墨西哥市的不同地段在20世紀下陷了9到11公尺。建築物因此產生裂痕，供水系統、排水管道和地鐵必須不時監測、重新興建。

沙烏地阿拉伯的灌溉系統

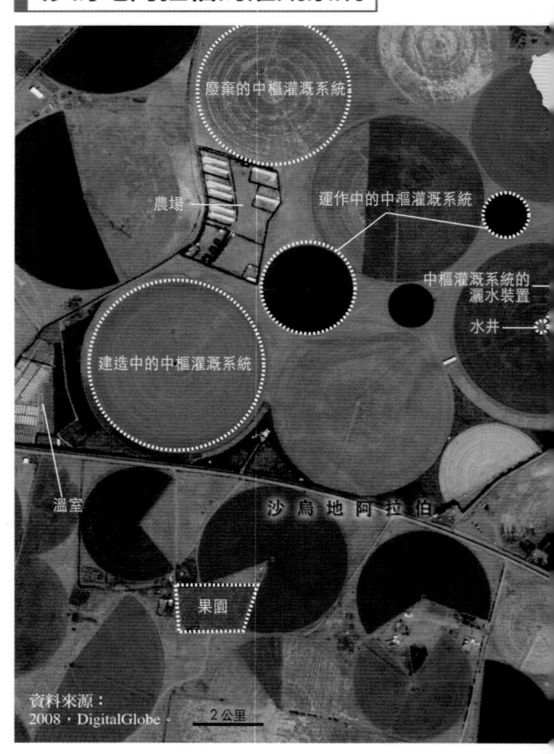

廢棄的中樞灌溉系統
農場
運作中的中樞灌溉系統
中樞灌溉系統的灑水裝置
水井
建造中的中樞灌溉系統
溫室
沙烏地阿拉伯
果園
2公里

資料來源：
2008，DigitalGlobe。

全球地下水資源使用現況

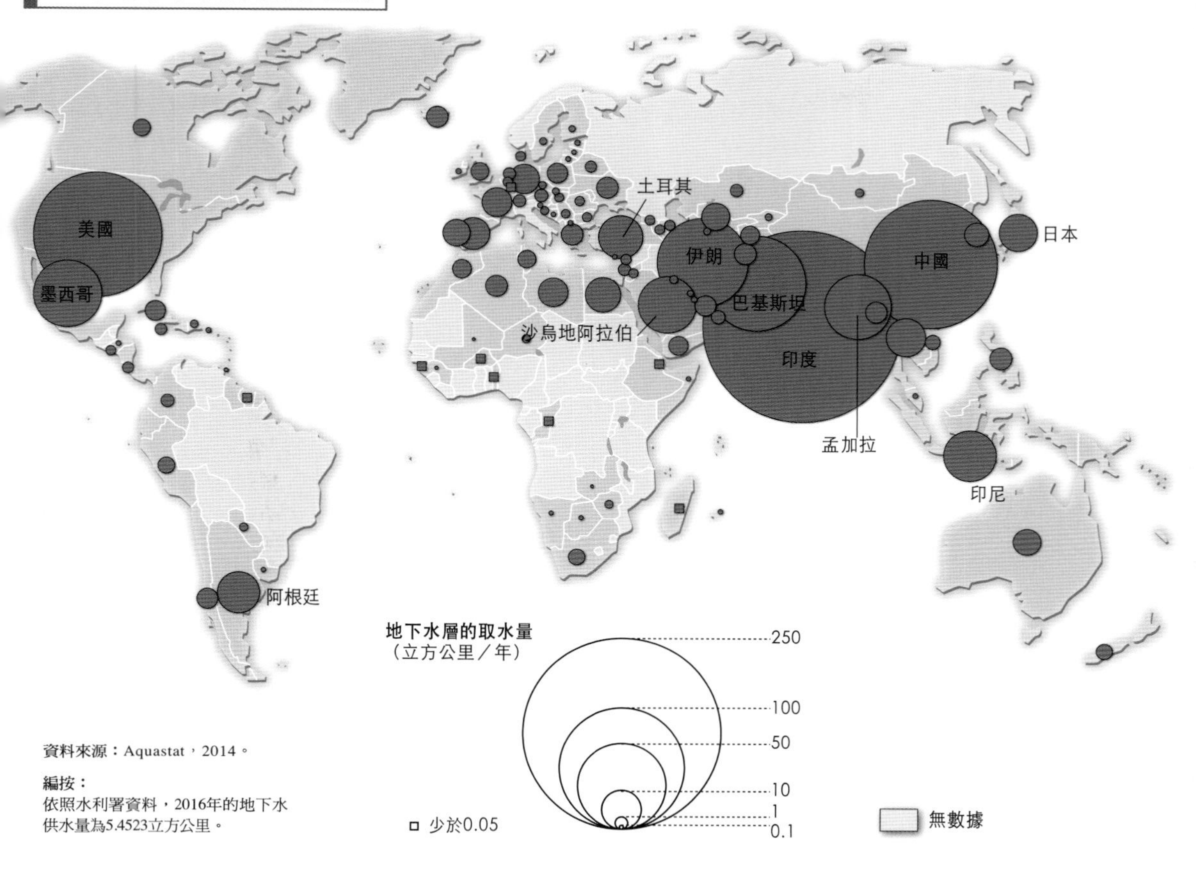

土耳其
日本
美國
伊朗
中國
墨西哥
巴基斯坦
沙烏地阿拉伯
印度
孟加拉
印尼
阿根廷
地下水層的取水量
（立方公里／年）
250
100
50
10
1
0.1
少於0.05
無數據

資料來源：Aquastat，2014。

編按：
依照水利署資料，2016年的地下水供水量為5.4523立方公里。

人類活動對地下水層的影響

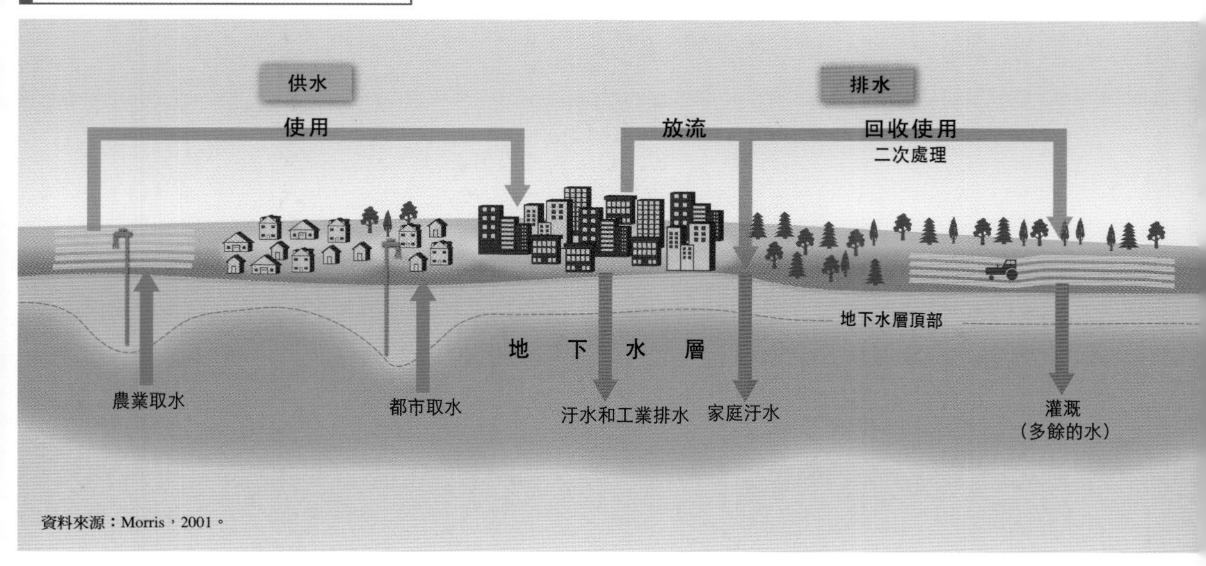

供水
排水
使用
放流
回收使用
二次處理
地下水層頂部
地　下　水　層
農業取水
都市取水
汙水和工業排水
家庭汙水
灌溉
（多餘的水）

資料來源：Morris，2001。

農業汙染

農業汙染的演變與密集農業生產方式的興起有關，這種農業投入的物質（肥料與殺蟲劑）遠超過地層和地下水層自我淨化的能力，累積在生態體系中。硝酸鹽與磷酸鹽都是優養化現象（eutrophisation）的元凶，殺蟲劑則汙染了整個食物鏈。造成這類非點源汙染的汙染源不計其數，遍及北半球國家，在南半球國家也越演越烈。除去汙染所費不貲，甚至必須徹底改變生產方式才能達到目標。

法國河川殺蟲劑汙染現況

阿爾多-皮卡迪地區
塞納-諾曼第地區
萊茵-馬士河地區
塞納河
羅亞爾河
紹恩河
羅亞爾-不列塔尼半島地區
隆河
加隆河
阿杜爾-加隆河地區
隆河-地中海地區
六處
水資源管理局
探測處的殺蟲劑濃度（2013）
單位：微克／公升
超過 20
10 - 20
6 - 9
3 - 5
低於 3

資料來源：
Agences et offices de l'eau，SOeS。

鹽分太高

鹽化是灌溉農業帶來的禍害。當灌溉量過高、控制不良，或是排水系統設計不好時，土壤的水平衡會改變，鹽分也開始累積。在蒸發現象極為強烈的乾燥和半乾燥的地區，鹽化很快就會導致農產歉收，長此以往，會使土地完全無法種植作物。

一般認為鹽化可能是美索不達米亞平原、亦即人類最初始的農業文明衰敗的原因。今天全世界將近8%的灌溉面積都有此一現象，巴基斯坦將近四分之一的灌溉面積，乃至中亞諸國也遭殃。有一些昂貴的技術可預防或是解決鹽化問題，例如改良灌溉系統或是建造更有效率的排水設施。缺的只是預算。

太多肥料、太多殺蟲劑

有兩大類物質造成了農業汙染：一是肥料（含有氮的硝酸鹽以及含有磷的磷酸鹽），它造成了優養化現象，二是殺蟲劑（包含殺真菌劑、除草劑和除蟲劑）。

硝酸鹽和磷酸鹽都是促進植物生長的主要養分：缺乏這兩種物質對收成量影響很大。使用過量則會汙染地下水源、滲透到河川，然後過多的養分又會助長水生植物的繁殖。這些水生植物的呼吸作用及死亡後的腐化，會使水中溶氧量降低，造成水中動物死亡。「死區」隨之形成，打擊整個養殖漁業甚至觀光業，墨西哥灣就是個例子。法國諸多地下水取水點的硝酸鹽含量都高於每公升50毫克的標準，尤其是不列塔尼半島（這是因為家禽和豬隻的密集養殖所排放的汙水），但在糧食作物耕種區也很普遍。

殺蟲劑：因為殺蟲劑種類廣泛，長期的流行病學研究也不是很充裕，所以用殺蟲劑來除去有害生物的後果為何，還不是很清楚。在法國，超過八千種產品中使用的有效成分（分子形式）約有三百種。91%的地表取水點、55%的地下水監測點都可以找到這些殺蟲劑成分。在地表截取的水源中，10%的殺蟲劑含量已高到不能作為自來水水源，26%則是中等或低劣的水質。其中最主要的兩種汙染成分是嘉磷塞〔glyphosate，孟山都公司（Monsanto）生產的日日春除草劑（Roundup）的主要成分〕以及達有龍（diuron，歐盟自2007年起禁用）。汙染最廣的地區則是糧食作物耕種區（巴黎盆地和亞奎丹盆地）以及朗格多克（Languedoc）和隆河流域等特殊作物農業區（水果與製酒用葡萄）。似乎只有山區還保有淨土。

對抗非點源汙染是一場長期戰爭，因為我們今天所發現的汙染物，有時是好幾十年前噴灑的。我們必須同時改變耕作方式（以更好的方式使用肥料和殺蟲劑）、修復濕地（它具有天然的過濾功能）、重新種植樹籬……。這些看起來微不足道的措施必須長期施行，且必須等到實行多年後，才會有效果，當今歐洲就是一個例子。

如是說

農業汙染弄髒了河川和地下水層，最後全排放到海洋裡去，導致在一些海灣海藻大量繁殖，妨害了漁業，更阻礙了觀光業，不列塔尼半島就是一個例子。

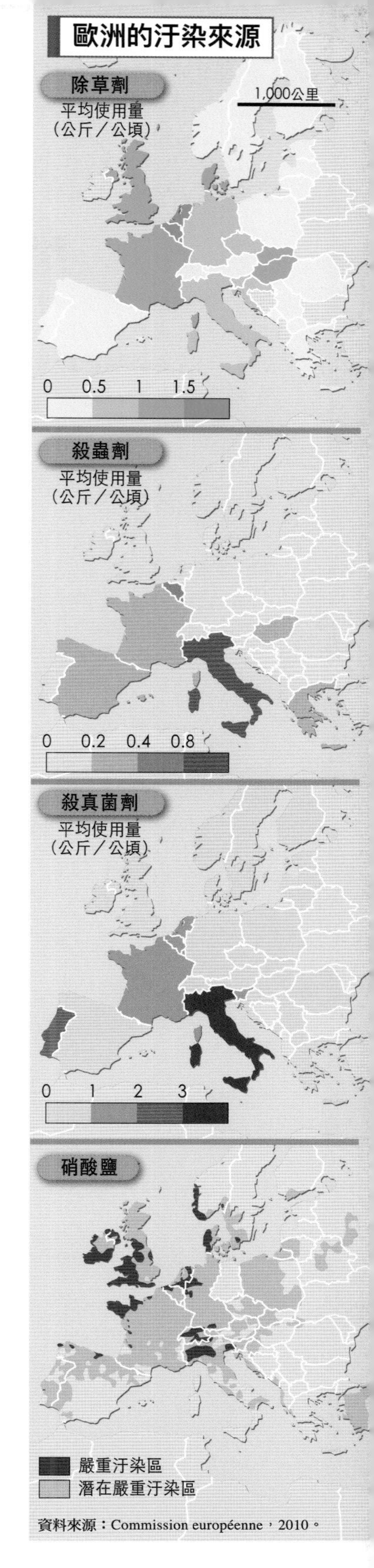
歐洲的汙染來源
除草劑
平均使用量
（公斤／公頃）
1,000公里
0
0.5
1
1.5
殺蟲劑
平均使用量
（公斤／公頃）
0
0.2
0.4
0.8
殺真菌劑
平均使用量
（公斤／公頃）
0
1
2
3
硝酸鹽
嚴重汙染區
潛在嚴重汙染區
資料來源：Commission européenne，2010。

工業和都市汙染

所謂的工業汙染很早就有了：皮革加工廠會排出令人作嘔的廢水，從事金銀加工的工坊亦曾發生不少汞中毒事件。隨著工業革命的巨輪，這些汙染的規模擴大，也曾導致嚴重事件。不過先進國家已經採取了一些措施，首先是處理小規模的工業廢水（就技術而言，這是最簡單的），其次是都市廢水。不過，還有許多累積在土壤和沉積物中的嚴重汙染必須處理，因為此類汙染仍對水循環體系造成傷害。

過去累積的汙染使得進步有限

就工業和都市汙水處理來說，歐盟各國都盡了相當大的努力。西歐國家的汙水處理率已超過75%。以法國為例，比較1980年到現在，汙水處理率已從50%左右提高到90%以上。

隨著汙水處理技術的進步，歐洲的情況正在好轉當中。不過，過去好幾個世代未加處理便任之排放的汙染卻是個重荷。其中一個最典型的例子就是多氯聯苯（PCB），在法國販售的品名叫做柏瑞玲（pyralène），在1970年代前廣泛運用於工業中（變壓器、冷凝器和潤滑劑），也大量散布於生活環境中。這些被認定為干擾內分泌且極可能致癌的物質，1987年起在法國被禁止販賣，但依然廣泛散布在河川沉積物中（尤其是塞納河的出海口、法國北部諸河川和隆河流域）。多氯聯苯會在食物鏈中層層累積，導致這些河川中的魚類不能食用。

去除這些河川沉積物汙染的成本高昂（每立方公尺約需一百歐元），因此政府的作為僅限於加強禁止排放的措施並強化稽查。所以，這類汙染在未來數十年間仍是後代子孫要扛負的重擔。

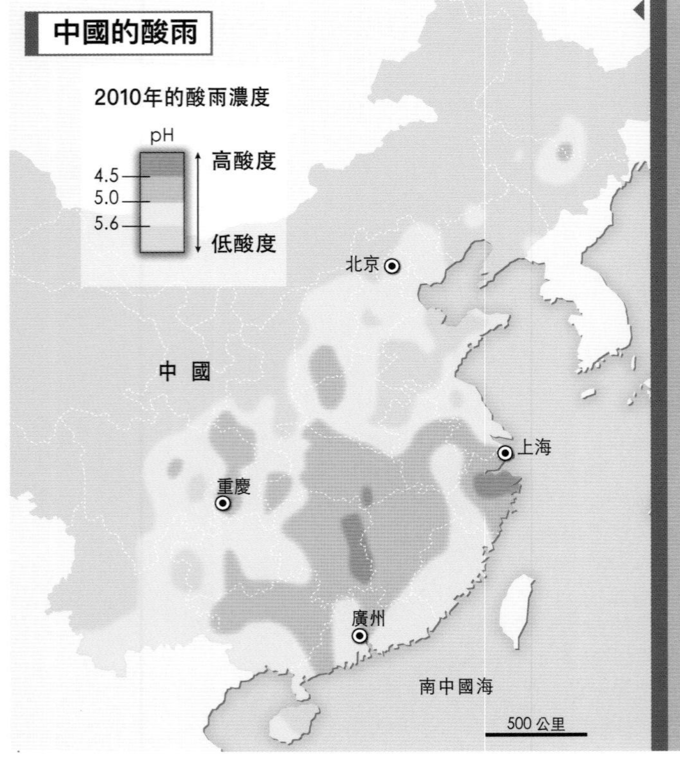
中國的酸雨
2010年的酸雨濃度
pH
4.5
5.0
5.6
高酸度
低酸度
北京
中 國
上海
重慶
廣州
南中國海
500 公里

一項嚴重的汙染

酸雨的肇因是大型工業區上方的空氣受到硫氧化物和氮氧化物的汙染。這些汙染物質和小水滴結合後便形成酸雨（有時pH值低到4）。這些酸雨在盛行風的帶動下，足以影響林木和湖泊的生態。當pH值低於5以下，大部分的魚類便無法生存。位於汙染源「下風處」的廣大地區裡，只剩下成為「一灘死水」的湖泊橫躺在奄奄一息的森林內。經歷了1980年代的危機後，西方國家採取了有效的措施，成果斐然，但中國和印度的酸雨現象可能會變得極其嚴重。

如是說

沒有基本衛生設施是水汙染的重要成因，而首號受害者就是那些最貧困的人。全球將近40%的人口缺乏此一設施，且集中在貧窮國家。

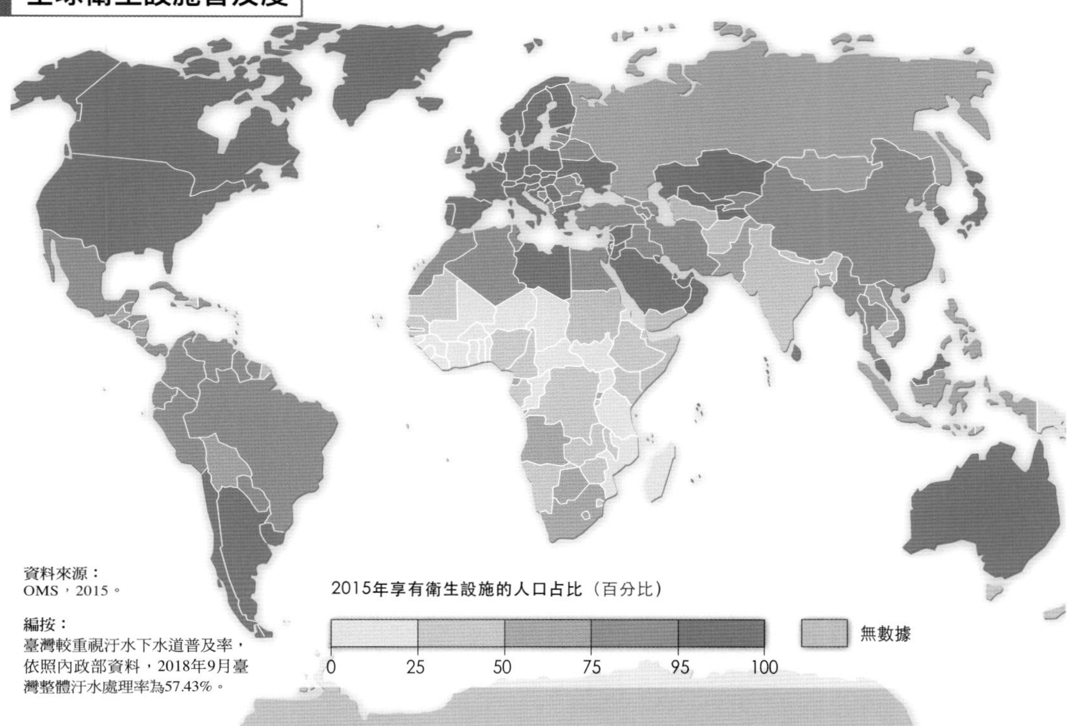
全球衛生設施普及度
資料來源：
OMS，2015。
編按：
臺灣較重視汙水下水道普及率，
依照內政部資料，2018年9月臺
灣整體汙水處理率為57.43%。
2015年享有衛生設施的人口占比（百分比）
0
25
50
75
95
100
無數據

最窮的人就是都市汙染的首要受害者

衛生設施的有無可作為大城市廢水水質的指標：沒有衛生設施意味著廢水乃直接排放，而未經過任何處理。

廢水不只含有有機廢棄物，由於混合了工業廢水，更含有毒物質以及重金屬。在某些貧窮國家，都會地區居民享有衛生設施的比例低於30%，至於鄉村地區比例則更低。

在貧窮國家大都會的貧民區裡，沒有衛生設施可用的居民可達數百萬之多。但是為了解決日常用水需要，這些居民不得不到水坑中汲取蓄積的廢水。最窮苦的人也因此成為環境災難的頭號受害者，也是環境不正義最鮮明的例證。

儘管近來有所改善，缺乏衛生設施依然是貧窮國家環境、衛生和社會問題中最棘手的問題之一：共計25億居民沒有最基本的衛生設施，比全球三分之一人口還多。

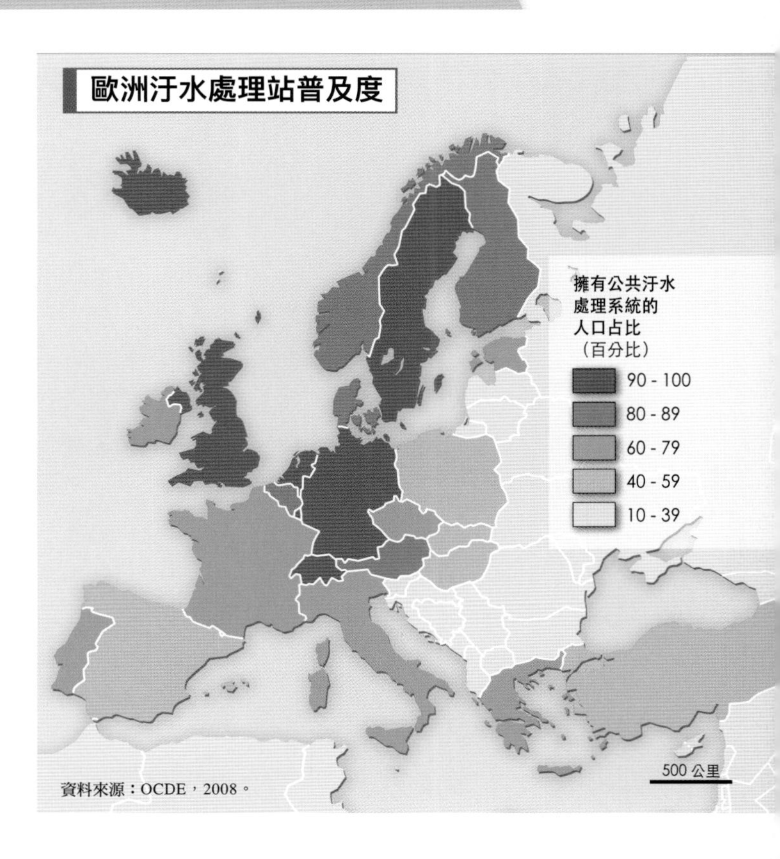
歐洲汙水處理站普及度
擁有公共汙水
處理系統的
人口占比
（百分比）
90 - 100
80 - 89
60 - 79
40 - 59
10 - 39
500 公里
資料來源：OCDE，2008。

與水有關的災難

水是備受威脅的自然資源，但是缺水、洪水與惡劣水質也威脅著上百萬人民。一般而言，不善的管理所造成的災難更甚於自然因素。河川管理或是農業政策上的錯誤選擇，使得水災和乾旱的嚴重程度升高；農業、工業和都市汙染也使得因水而產生的疾病層出不窮。根據估計，每年至少有一百萬人因缺乏乾淨的飲用水而罹患疾病死亡，其中90%是低於五歲的幼童。

致命的災難

就人口比例而言，非洲發生的乾旱與洪水是最致命的。很明顯地，不穩定的氣候所導致的天災是這些災難的主因，不過更重要的是，這些天災凸顯出環境早已失衡。

例如，都市地區的悲慘洪災是未經規畫的都市發展以及在低窪地區大興土木所導致的。在鄉村地區，以莫三比克的研究為例，殖民時期所興建的水壩給人一種可以從此遠離小規模洪水的錯誤安全感，於是當地居民便搬到危險區域。至於乾旱所致生的飢荒，通常是因為沒有正確因應一些早可預知的糧食短缺，甚至是因為政治目的操作所造成的結果。

如是說

因為水而致死的問題不太引人注意。水災受害的人數遠遠不及數百萬因沒有自來水而死於疾病的人數，而且這些疾病其實都可以治癒。

全球霍亂分布圖

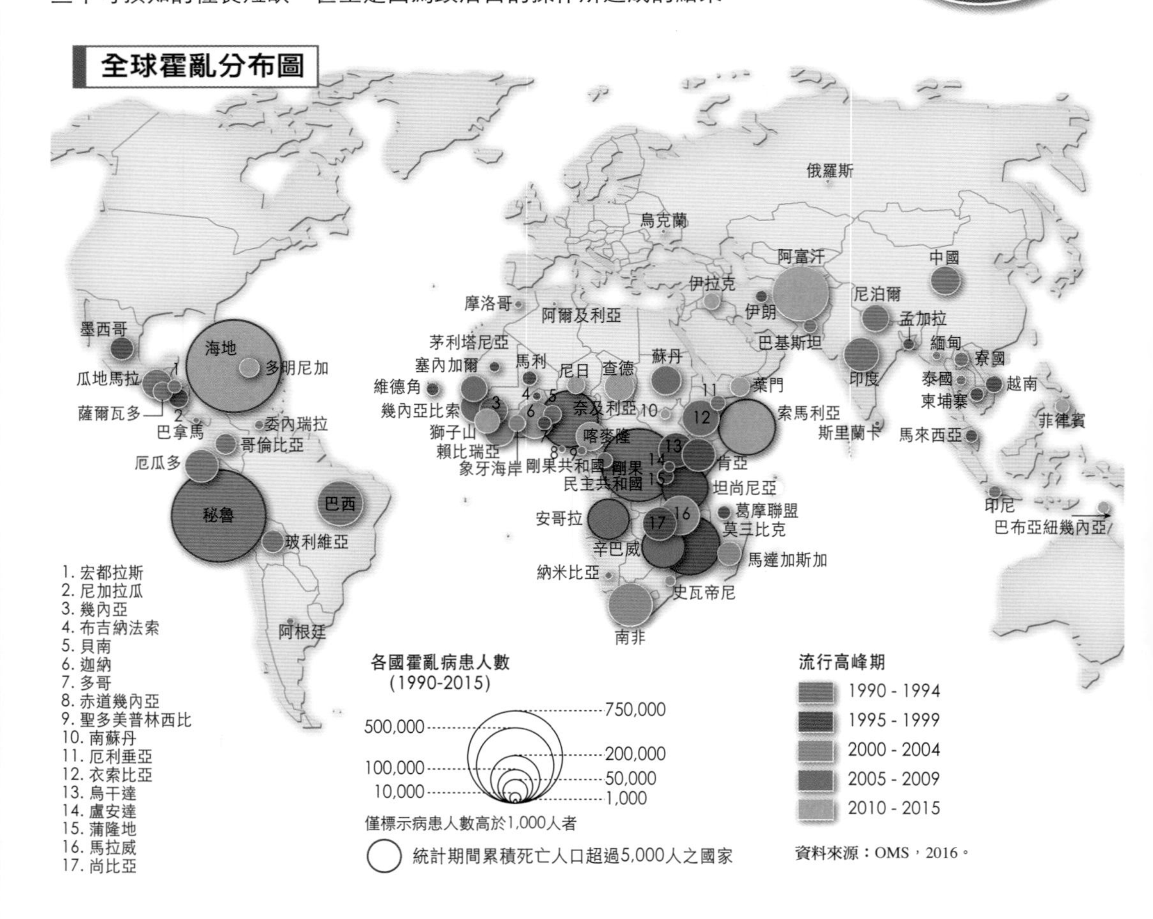
俄羅斯
烏克蘭
阿富汗
中國
伊拉克
伊朗
尼泊爾
孟加拉
巴基斯坦
緬甸
寮國
摩洛哥
阿爾及利亞
墨西哥
海地
多明尼加
茅利塔尼亞
塞內加爾
馬利
蘇丹
瓜地馬拉
尼日
查德
維德角
葉門
印度
泰國
越南
柬埔寨
幾內亞比索
奈及利亞
索馬利亞
薩爾瓦多
巴拿馬
委內瑞拉
獅子山
喀麥隆
斯里蘭卡
馬來西亞
菲律賓
哥倫比亞
賴比瑞亞
肯亞
厄瓜多
象牙海岸
剛果共和國
剛果民主共和國
坦尚尼亞
巴西
秘魯
安哥拉
葛摩聯盟
莫三比克
印尼
巴布亞紐幾內亞
玻利維亞
辛巴威
馬達加斯加
納米比亞
史瓦帝尼
南非
阿根廷
1. 宏都拉斯
2. 尼加拉瓜
3. 幾內亞
4. 布吉納法索
5. 貝南
6. 迦納
7. 多哥
8. 赤道幾內亞
9. 聖多美普林西比
10. 南蘇丹
11. 厄利垂亞
12. 衣索比亞
13. 烏干達
14. 盧安達
15. 蒲隆地
16. 馬拉威
17. 尚比亞
各國霍亂病患人數
(1990-2015)
750,000
500,000
200,000
100,000
50,000
10,000
1,000
僅標示病患人數高於1,000人者
統計期間累積死亡人口超過5,000人之國家
流行高峰期
1990 - 1994
1995 - 1999
2000 - 2004
2005 - 2009
2010 - 2015

資料來源：OMS，2016。

與水有關的疾病

在所有與水有關的疾病中，霍亂無疑是最廣為人知的。在先進國家，此一疾病現已銷聲匿跡，在貧窮國家則完全不同，不但是猖獗的流行病，有時還與當地其他流行病聯手肆虐，讓數十萬人感染致病。

這便是秘魯1991年的情況，當時有一百萬人患病、一萬人喪生，原因是當地政府決定停止在水中加氯（消毒），飲用水因此受糞便汙染。因為此一感染事件導致的經濟損失，相當於之前十年為改善自來水系統所投入金額的三倍。

2000年代初期，霍亂也在南非猖獗（十萬人患病），因為大都會區的窮人沒有錢可支付自來水，只好到承接廢水的河川、渠道中取水。

抵抗力低落與貧窮的關係，也可在其它與水有關的疾病中發現：例如傷寒（每年有1,700萬人感染）、砂眼與蟠尾絲蟲症（onchocercose）（這是兩種分別由細菌與寄生蟲造成的疾病，會導致失明，每年各有600萬與1,800萬人受害）、血吸蟲病（schistosomiase或bilharziose，每年有兩億人受害），乃至各種不同的腹瀉、腸道寄生蟲病和肝炎都是。

若是1910年的洪水再次肆虐巴黎？

塞納河流域並非沒有洪水氾濫的可能。1950到1990年之間所建蓋的四個蓄水湖，在遇到像是1910年規模的大水時，只能讓巴黎降低70公分的水位。

所以，若是各項水文條件吻合時，百年洪災重臨巴黎是極為可能的。人命損失應該不多，災害則會相當可觀：超過85萬人將可能遭受洪水侵襲，200萬人被斷電，270萬人被斷水。洪水氾濫將造成120億歐元的財產損失，還有就是大巴黎地區的捷運和鐵路系統可能中斷，無數的公司行號被迫停工⋯⋯。

現有的預防性措施僅及於洪水危機預防計畫（plans de prévention du risque inondation，PPRI），目的則是為了補強交通網、規劃一些最脆弱地區的疏散計畫。然而，2010年代的巴黎比1910年更加富庶、生活條件也更高，想必難以承受整個元月沒電、沒暖氣、沒捷運，過著定額配水的日子。

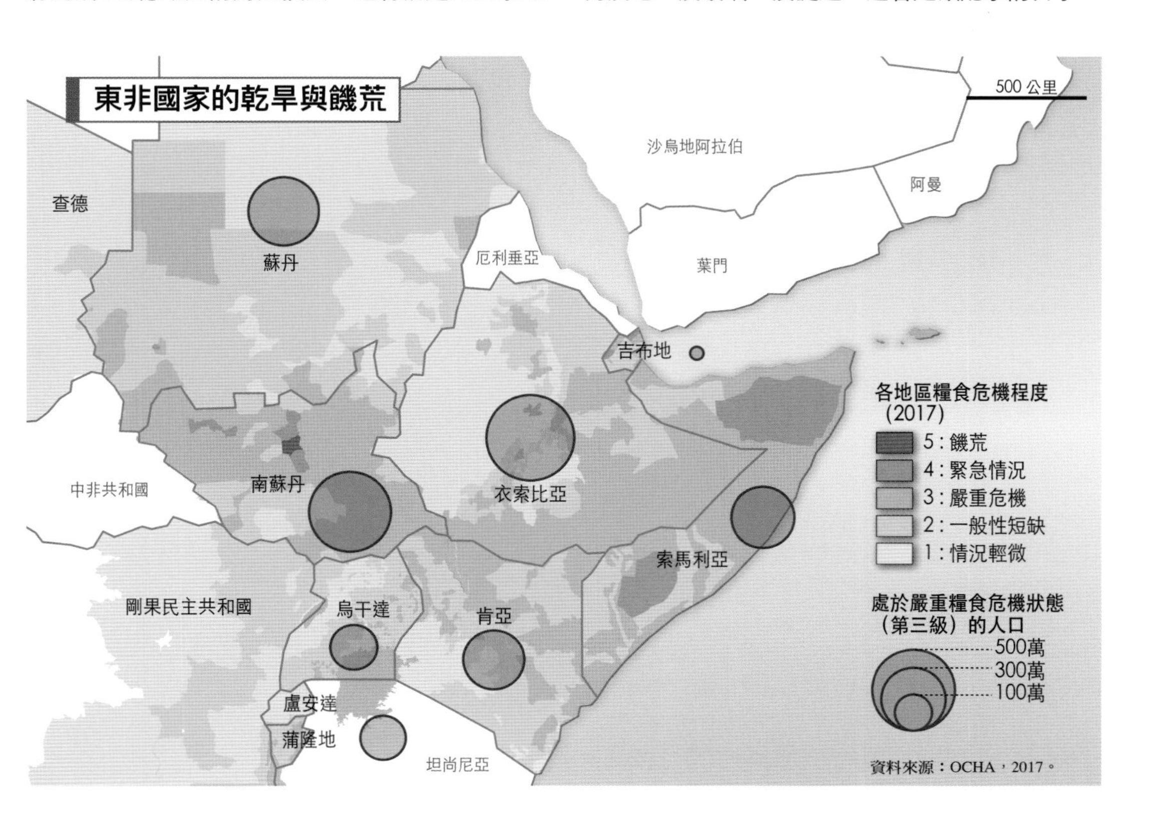
東非國家的乾旱與饑荒
500 公里
沙烏地阿拉伯
阿曼
查德
蘇丹
厄利垂亞
葉門
吉布地
各地區糧食危機程度
(2017)
5：饑荒
4：緊急情況
3：嚴重危機
2：一般性短缺
1：情況輕微
中非共和國
南蘇丹
衣索比亞
索馬利亞
剛果民主共和國
烏干達
肯亞
處於嚴重糧食危機狀態
（第三級）的人口
500萬
300萬
100萬
盧安達
蒲隆地
坦尚尼亞
資料來源：OCHA，2017。

區域性災難

某些地區同時匯集了不同的水資源危機：不穩定的氣候導致了乾旱與水災，自大的人為建設危害了環境，自然生態被毀，農業、工業與都會汙染叢生，最後，還有反撲人類、棘手的衛生和社會問題。在這一些讓整個地區受創的災難中，鹹海的例子是最著名的，但還有其他不少例子。即使如此，局部性的補救仍是可能的：過去一些被宣告「死亡」的河川正在康復之中。

鹹海

鹹海災難是說明多種水資源危機集於一地的最佳例子。作為阿姆河（Amou–Daria）和錫爾河（Syr–Daria）兩大河川的天然出口，鹹海是蘇維埃政權打造中亞為蘇聯主要棉花產區的犧牲品。因為灌溉農業使取水量攀升，兩大河川注入鹹海的水量便急遽下降：從1960到2015年，鹹海的水量縮減了92%，其含鹽量由每公升1克提高到100克（一般海水是每公升35克）。在河川上游地區，由於灌溉管理不善，整體景象也是殘破不堪：累積的鹽分使農地變得無法耕種，水中殘留的殺蟲劑含量也特別高。這個生態災難（所有當地特有的魚類都絕種）同時帶來公共衛生浩劫。在湖水消退後，留在地表的鹽巴被風夾帶著，掃遍整個地區，使此地變成全世界癌症罹患率最高的地區之一，嬰兒死亡率也居高不下。
挽救鹹海的努力始終有限。只有位於北邊、由錫爾河注入、擁有一道堤防的「小鹹海」，也許可能逃離「大鹹海」的命運，也就是變成鹽分特高且毒性特強的沙漠，而那正是「大鹹海」當今的處境。

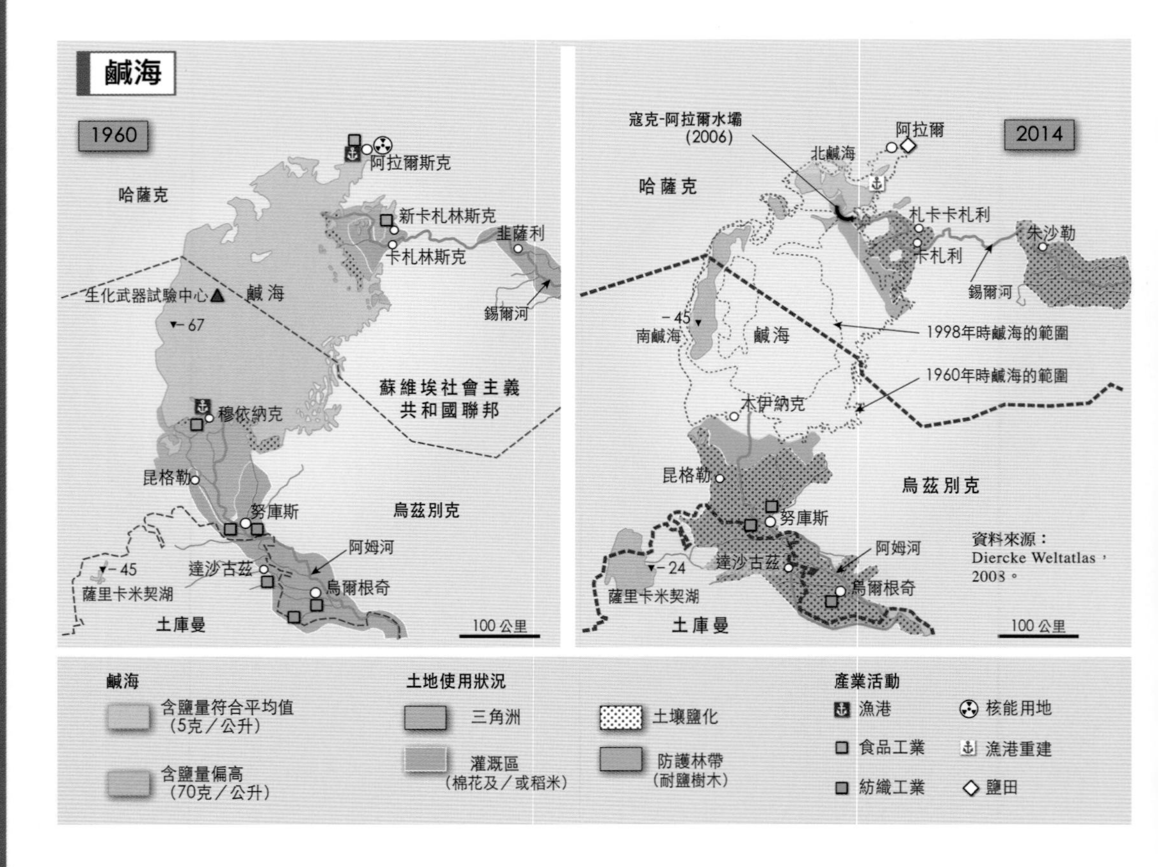

鹹海
1960
哈薩克
阿拉爾斯克
新卡札林斯克
卡札林斯克
韭薩利
錫爾河
生化武器試驗中心
鹹 海
-67
蘇維埃社會主義
共和國聯邦
穆依納克
昆格勒
努庫斯
烏茲別克
阿姆河
達沙古茲
烏爾根奇
-45
薩里卡米契湖
土庫曼
100 公里
2014
寇克-阿拉爾水壩
(2006)
阿拉爾
北鹹海
哈 薩 克
札卡卡札利
卡札利
朱沙勒
錫爾河
-45
南鹹海
鹹 海
1998年時鹹海的範圍
1960年時鹹海的範圍
木伊納克
昆格勒
烏 茲 別 克
努庫斯
阿姆河
達沙古茲
烏爾根奇
-24
薩里卡米契湖
土 庫 曼
資料來源：
Diercke Weltatlas，
2008。
100 公里
鹹海
含鹽量符合平均值
(5克／公升)
含鹽量偏高
(70克／公升)
土地使用狀況
三角洲
灌溉區
(棉花及／或稻米)
土壤鹽化
防護林帶
(耐鹽樹木)
產業活動
漁港
核能用地
食品工業
漁港重建
紡織工業
鹽田

科羅拉多河，美國的鹹海？

長達2,330公里的科羅拉多河，是美國西部最長的河川，也曾經是河川流域被全面人工整治的範例。美國政府在那裏建造了規模宏大的水壩，例如胡佛水壩和格蘭水壩（Glen Canyon Dam），並將一些河道轉向加州和新墨西哥州。今天，科羅拉多河每秒為洛杉磯和聖地牙哥兩大城帶來120立方公尺的水。另外一段河道也在美、墨邊境附近被改道，轉向位於加州最南方的帝王谷（Imperial Valley）那廣大無際的灌溉平原。

科羅拉多河的出海口位於墨西哥境內的加利福尼亞灣。墨西哥於1944年時與美國簽訂協議，約定美國應該保留給墨西哥每秒35立方公尺的水量，但是並未明文約定水質的問題，後來水質也越來越惡劣，含鹽量攀升到1,500ppm的程度，而「自然的情形」應該只有50ppm。河水從此無法用來灌溉，人類也不能拿來飲用，科羅拉多河三角洲也從一座多采的生態博物館變成無邊無際的鹽漬大沼澤。儘管灌溉方式已改善，墨西哥邊境也建造了淡化水質的工廠，把含鹽量降到240ppm，但這無法解決所有的問題：1922年時美國各州任意劃分的河川歸屬，對於這個人口高速成長的地區已不合時宜，此外，肥料和殺蟲劑汙染的難題仍有待解決。

科羅拉多河曾經差點走上與鹹海類似的不歸路，然而因為及早對症下藥、投入大量資本，故使得情況穩定並獲得改善。

如是說

「科羅拉多河仍繼續在大峽谷裡穿梭。不過，它已是身不由己的河川：一條被『遙控』以滿足人類需求的大河，而非聽從自然的脈動。」

——奈許（Roderick Nash），《科羅拉多河的新旅程》（New Courses for the Colorado River），1989年。

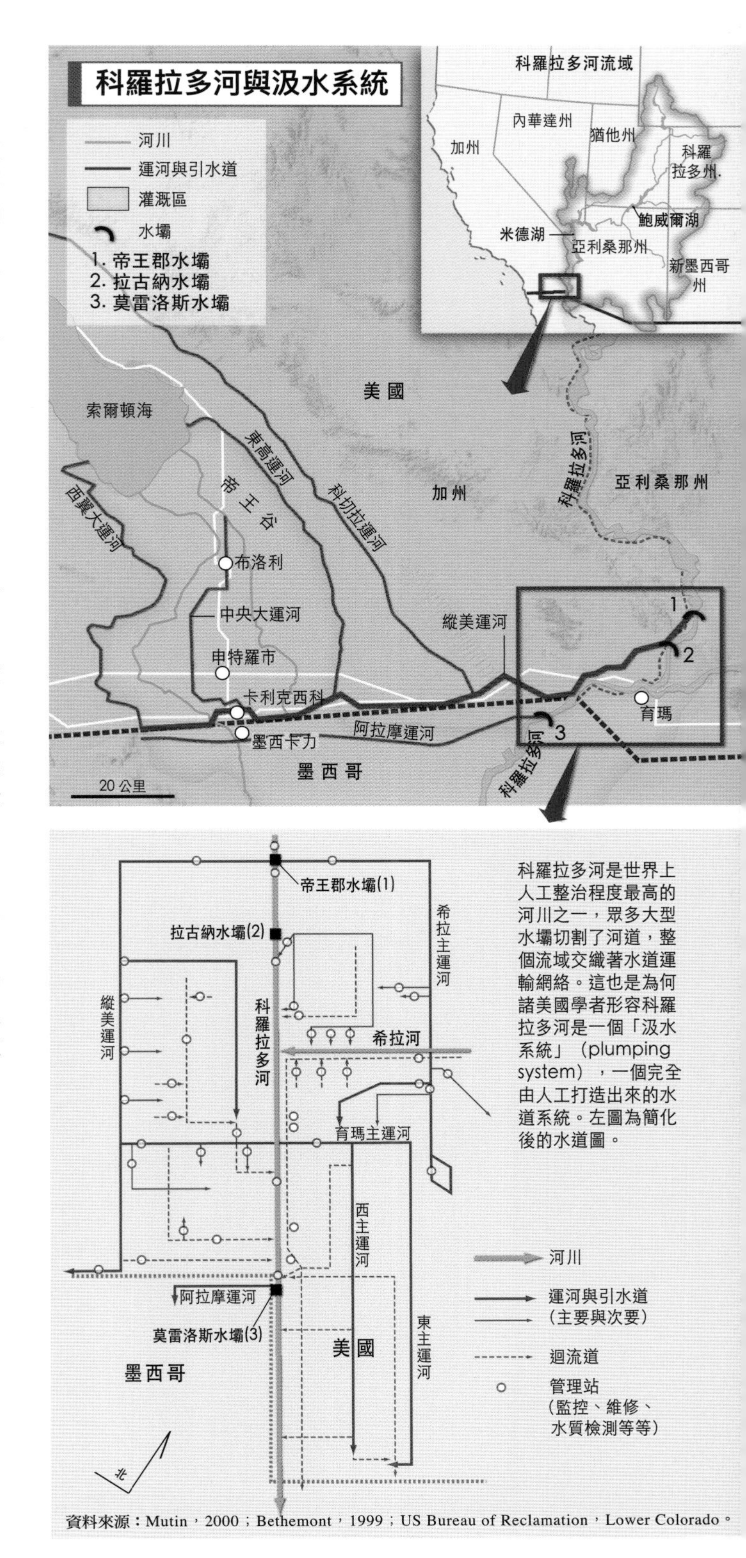
科羅拉多河與汲水系統
河川
運河與引水道
灌溉區
水壩
1. 帝王郡水壩
2. 拉古納水壩
3. 莫雷洛斯水壩
科羅拉多河流域
內華達州
猶他州
科羅拉多州
加州
鮑威爾湖
米德湖
亞利桑那州
新墨西哥州
美國
索爾頓海
東高運河
科切拉運河
帝王谷
西翼大運河
布洛利
中央大運河
申特羅市
卡利克西科
墨西卡力
阿拉摩運河
縱美運河
育瑪
科羅拉多河
亞利桑那州
加州
墨西哥
20 公里
帝王郡水壩(1)
拉古納水壩(2)
希拉主運河
縱美運河
科羅拉多河
希拉河
育瑪主運河
西主運河
阿拉摩運河
莫雷洛斯水壩(3)
美國
東主運河
墨西哥
北
河川
運河與引水道
(主要與次要)
迴流道
管理站
(監控、維修、水質檢測等等)

科羅拉多河是世界上人工整治程度最高的河川之一，眾多大型水壩切割了河道，整個流域交織著水道運輸網絡。這也是為何諸美國學者形容科羅拉多河是一個「汲水系統」（plumping system），一個完全由人工打造出來的水道系統。左圖為簡化後的水道圖。

資料來源：Mutin，2000；Bethemont，1999；US Bureau of Reclamation，Lower Colorado。

小結

拉著警報的自然資源

即使人類擷取的水量與看來無窮無盡的天然存量相較之下是微不足道的，卻可能因此讓水質產生重要變化。無論就自然生態還是就人類健康而言，那些最危險的破壞通常都不是最引人注目的。例如往往媒體大量報導的是大型水壩帶來的負面影響，包括數百公里長的河川的水文及沉積量的改變，然而，小型水壩叢生，濕地被摧毀，數千農民使用肥料和殺蟲劑，以及在某些地區因過度抽取地下水而使地層急遽下陷，其實這些也都會造成水資源無法修補的損害。

無以計數的受害者

同樣地，因為洪災而造成人民死亡或是被迫遷徙的事件，成為全球頭條是理所當然的，但是每年因為沒有自來水和衛生設施而死亡的嬰幼兒高達180萬名，這個數字遠超過所有戰爭的傷亡，卻經常被忽略。

Atlas
mondial de l'eau
Défendre et partager notre bien commun

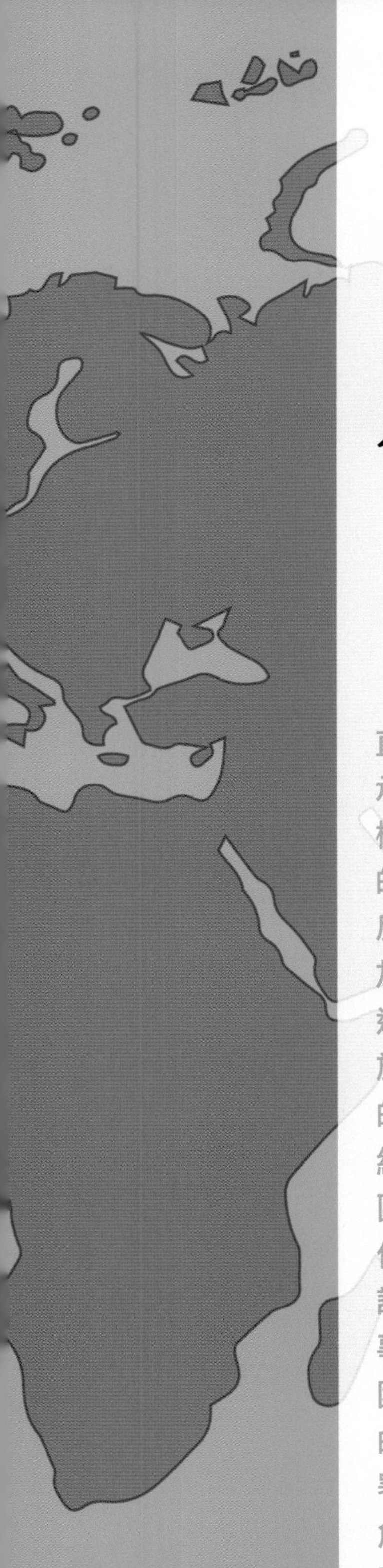

人人有水？

直到2010年7月28日，聯合國大會才決議承認「擁有衛生乾淨的自來水是一項基本人權，是充分享受生命權及所有人權不可或缺的一項人權」，共有122國贊成，沒有任何反對票，但有41國棄權，其中包括了美國、加拿大和土耳其。

這項基本權利這麼晚才被承認，有些國家對於這項不具強制性的決議還表現出猶疑不決的態度，實在令人驚訝。這也意味著，我們經常忘記水是世上諸多衝突的來源，不管是區域性衝突還是全球性衝突。「用水平權」仍是紙上談兵，尤其是對那些最窮苦的人來說。

事實上，水是社會不平等的最佳指標：越窮困的人越缺乏衛生設施，罹患與水有關疾病的可能性也越高。2006年聯合國開發計畫署（UNDP）的人類發展報告指出，「水的危機來自於貧窮、不平等以及不對等的權力關係。」

無法估計的價值

眾多科學家都嘗試估計河川和濕地所帶來的好處有多少經濟價值，這是用水資源來營利或計算水費的最好方法。這些討論固然必要，卻往往忽略了水的象徵性價值——既然是象徵性的，那就是無價的。水在世界上所有重要的宗教、神話和傳說中都扮演不可忽視的角色，且無論是在都會或是鄉村景觀中，水都非常重要。例如2007年時，法國波爾多的「河濱第一排」、也就是「月亮港」（port de la Lune）被聯合國科教文組織列為世界遺產，使得此一地區與巴黎市的塞納河畔及羅亞爾河河谷並駕齊驅。

水與靈性生活

水在諸多重要一神教中的地位，必須用好幾本專論書籍才說得明白：灌溉伊甸園的是由四條支流匯聚而成的河水；「從水裡拉出來」的摩西，也讓石頭流出水來；耶穌是在約旦河受洗的；伊斯蘭教中，只有進行淨禮之後才能祈禱。向來與空氣、土地和火焰同被視為基本元素的水，也出現在無數的宇宙起源敘事中，包括新喀里多尼亞的卡納克人（Kanak）和美洲原住民的故事，乃至希臘羅馬神話。以最近而言，哲學大師加斯東·巴舍拉（Gaston Bachelard，1884–1962）在其1942年的著作《水與夢——論素材的想像》（*L'eau et les rêves : essai sur l'imagination de la matière*）一書中指出，水此一液體元素在西方想像中的重要性。他寫道：「水是人類思想中備受推崇的事物之一：它代表純淨的價值。如果沒有水那澄淨清澈的意象，也沒有這一對漂亮的同義疊詞來表達水的純淨，純淨的概念會是什麼樣子呢？」

這項幾乎舉世皆然的象徵價值說明為何眾多文化體都不會將水視為普通的商品。

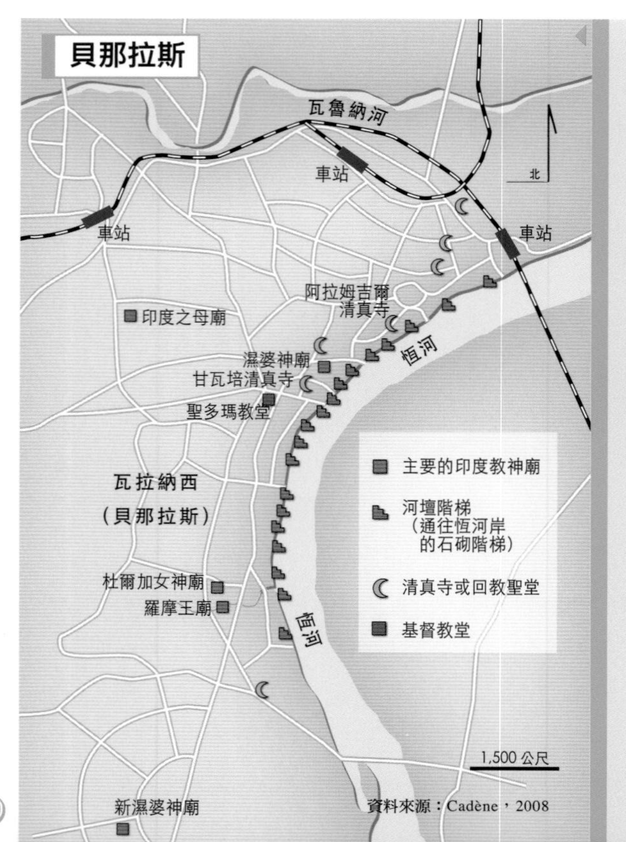

貝那拉斯
瓦魯納河
車站
車站
車站
北
阿拉姆吉爾清真寺
印度之母廟
濕婆神廟
甘瓦培清真寺
聖多瑪教堂
恆河
瓦拉納西
（貝那拉斯）
杜爾加女神廟
羅摩王廟
恆河
主要的印度教神廟
河壇階梯（通往恆河岸的石砌階梯）
清真寺或回教聖堂
基督教堂
1,500 公尺
新濕婆神廟
資料來源：Cadène，2008

聖河

貝那拉斯〔Bénarès，即瓦拉納西（Varanasi）〕是印度教主要的聖城，每年有數百萬教徒到此朝聖。城內有超過 80 座河壇（ghat），這些以岩石砌成的階梯直降恆河，蜿蜒聖河兩畔，方便教徒淨身。教徒的遺體也可以在恆河畔焚化，以便脫離輪迴的命運。在離恆河稍遠之處，便是供奉濕婆（Shiva）的濕婆神廟（Vishvanāth），這座廟宇數次被毀，在原地建起了清真寺。當今的建築建於 1780 年，也被稱為「黃金廟」，是城內兩萬三千座印度教寺廟及眾多清真寺中最有名的。根據傳說，貝那拉斯是五千多年前濕婆建造的，今天則有將近 150 萬居民。

如是說

「經過痛苦的教訓之後，人們才知道水的珍貴。」

——拜倫（Lord Byron），《唐璜》（*Don Juan*），第二章，第 84 節。

水與都市

世上絕大多數的大城都位於水邊，例如在海岸旁、順著大江邊、或沿著湖畔。所以，水在都市生活中占有重要地位，向來支持著貿易（河港的重要功能）和手工藝（皮染業和工坊的水力來源）。在某些城市裡，水也是用來展示權力的要素：例如沿著塞納河畔，教會、王室及後來的共和國都爭相展現其權勢最宏偉的象徵，聖母院、羅浮宮和國民議會等建築物即是代表。

有一些城市根本就是蓋在運河密布的水上。位於中國、二千五百年前建造的蘇州城就是一例，古城特諾琦堤特蘭（Tenochtitlán，位於今日的墨西哥城）也是，它就築於特斯科科湖（lac Texcoco）上，四周圍繞著水上花園（chinampa）。其中一部份的水上花園至今仍有農作，也被聯合國科教文組織劃為世界遺產，是墨西哥城最吸引觀光客的聖地之一，也是這座擁有將近兩千萬人口的都會區的綠肺。在歐洲，布魯日（Bruges）、阿姆斯特丹、斯德哥爾摩以及更北方的聖彼得堡，以其綿密的橋梁與運河網爭相角逐「北方威尼斯」的頭銜。

工業革命時期，河川和運河兩岸興建起汙染環境的基礎設施，現在，城市與流水之間的美學關係又重新活絡了起來。荒蕪的工業區拆除了；在過去，河川、湖泊與運河邊的土地必須填平以便高速公路經過，現在則恢復昔日風貌。這類例子始於英國〔倫敦的東區（East End）〕和北美洲，但此做法很快就席捲全球：上海市的外灘重現舊觀，巴黎的運河重新被中產階級占據，開普敦的碼頭廣場（Waterfront）等等，都是都會重新取回濱水空間的例子。

水與景觀

最早思索景觀的美學價值的，應該是中國人。中文裡景觀一詞稱之為「山水」，逐字而言，就是「山峰、流水」。自第七世紀起，山水也具有「山水畫」的意涵，從此在中國和日本文學中成為專有名詞。典型的山水畫中，總是有一彎流水。

在歐洲，以風景作為圖畫的主題則是很晚的事情，但是水也在其中扮演很重要的角色：無論是加納萊托（Canaletto）[8]的景觀畫（vedute），莫內（Monet）的《睡蓮》（Nymphéas），還是現代繪畫中數不盡的海景畫（很奇怪的是，海景畫在中國傳統中則毫不見蹤跡）。

特諾琦堤特蘭（今墨西哥城）[9]

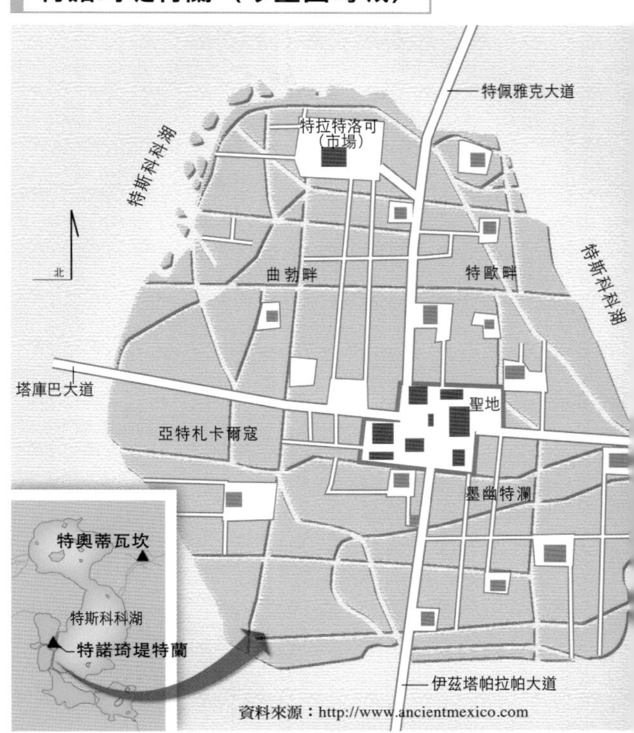

特佩雅克大道
特拉特洛可（市場）
特斯科科湖
北
曲勃畔
特歐畔
特斯科科湖
塔庫巴大道
聖地
亞特札卡爾寇
墨幽特瀾
特奧蒂瓦坎
特斯科科湖
特諾琦堤特蘭
伊茲塔帕拉帕大道
資料來源：http://www.ancientmexico.com

阿姆斯特丹

北
艾河
Haarlemmer Straat
Wester Gracht
車站
皮特漢卡碼頭
王子運河
皇帝運河
紳士運河
Neuwezuds Voorburgwal
Damrak
證券交易所
東岸碼頭
Prins Hendrikkade
西教堂
紅燈區
水壩廣場
皇宮
Damstraat
過磅所
約丹區
舊城區
Rokin
Valkenburgerstraat
市政府
Plantage Middenlan
林布蘭廣場
紳士運河
皇帝運河
王子運河
Weesperstraat
Sarphatistraat
雷茲廣場
東區
Weteringschans
國家博物館
Kade stadhouders
德派普區
500公尺

[8] 譯者注：
原名Giovanni Antonio Canal（1697-1768），18世紀義大利籍畫家，以彩繪威尼斯風光著稱。

[9] 譯者注：
這是特諾琦堤特蘭、一座阿茲特克人所建的城市的簡圖，繪於西班牙人占領此城之後。圖中地名轉化自阿茲特克人的發音，畔（-pán）、特蘭／特瀾（-tlán）都有地名的意味。這些地名現在都已不存在，特斯科科湖的湖水也早被西班牙占領者以引水道排放而乾涸消失了。

寸水不讓

國家之間有時是以河川作為界線，也因此把流域給切割了：當今有263個跨越國界的重要流域，相當於全世界60%的水資源。這種流域的分割乃是潛在的衝突來源：我們不免想到「河岸居民」（riverain）和「敵對」（rival）這些詞彙的字根是相同的（rivus，小溪的意思）。自從人類能夠興建大型水利建設，又自從一個上游國家可以改變整條大河的流向，或是足以造成數百公里的嚴重汙染之後，這些潛在的衝突更容易成為浮上檯面的事實。

為水而開戰

對於水將導致戰爭的災難之說，目前倍受抨擊。水比較是緊張局勢的表徵，而非引爆因素：水會讓早已存在的衝突加劇，但有時藉由建立共同的計畫，反而會加速和解的腳步。即使不太可能因水而展開「典型的」戰爭（動用其他替代資源是更便宜的做法，政治上也比侵略鄰國的風險更低），在國際協商中，水的問題依然可能成為籌碼，通常是用來交換其他利益。於是，因水而引起的那些最難以解決的衝突，不會演變成國家之間的軍事衝突，卻會製造不同地區之間政治與經濟的爭端（如西班牙），或是在都會與鄉村之間、不同的社會團體之間，因水資源取得和水價高低而引發爭執。

如是說

「為時一週的戰爭花費，可以讓我們蓋五座海水淡化廠。一旦我們不再刀光血影、彼此對抗，就不會有人因此喪命，還可以享受穩定的供水服務。」

——沃爾夫（Aaron Wolf）引述以色列泰米爾將軍（Tamir）之言，1996年。

依賴他國供水的國家

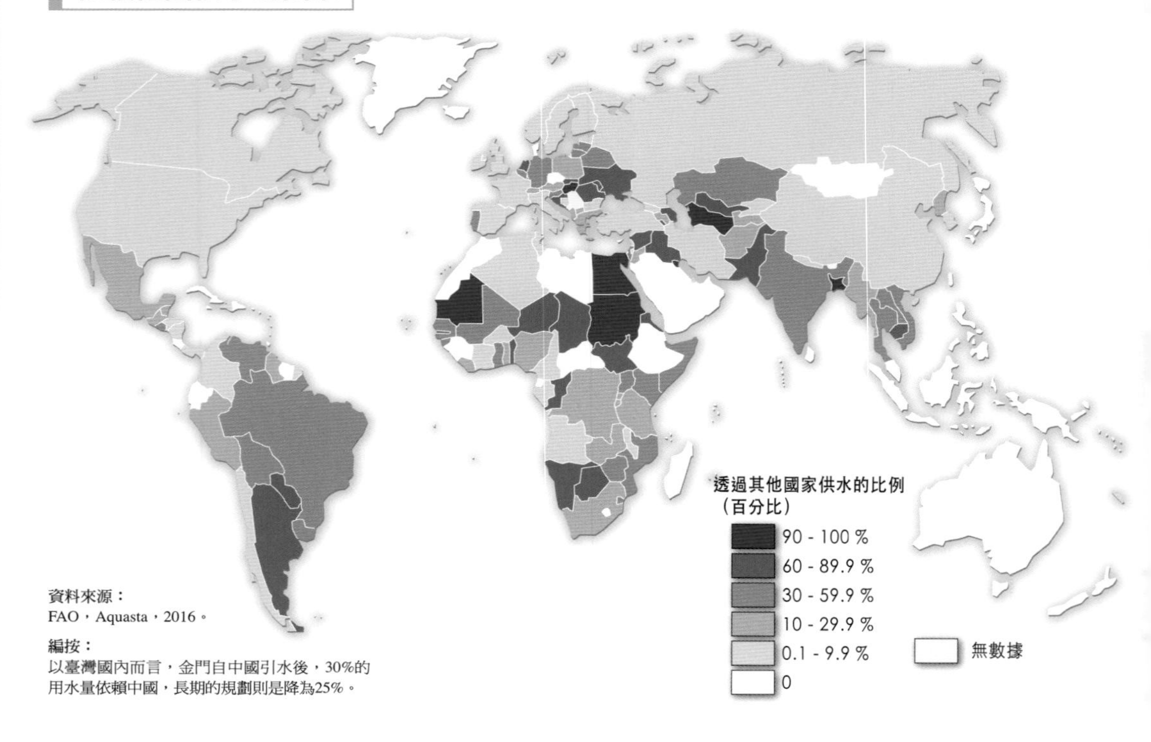
透過其他國家供水的比例（百分比）
90 - 100 %
60 - 89.9 %
30 - 59.9 %
10 - 29.9 %
0.1 - 9.9 %
0
無數據

資料來源：
FAO，Aquasta，2016。

編按：
以臺灣國內而言，金門自中國引水後，30%的用水量依賴中國，長期的規劃則是降為25%。

上下游的相處難題

在水資源稀少的地區，處於同一河川流域的不同國家之間的衝突很可能愈演愈烈。當上游山區是河川源頭，而較乾燥的下游地區卻是另一個國家時，便產生了依賴關係。

最明顯的例子就是埃及（依賴程度是97%，因尼羅河的水量主要來自於衣索比亞和烏干達）。底格里斯河和幼發拉底河的源頭在土耳其境內，故伊拉克必須受土耳其的擺佈（依賴程度53%），還有巴基斯坦的處境也十分相似（依賴程度76%，因印度河的源頭位於有領土爭議的印屬喀什米爾地區）。

當上下游國家之間存在著國力差別時，這些潛在的衝突情勢會更加緊張。當下游國家較強大時，它會試圖把資源全占為己有（如南非面對賴索托的姿態），或是在整治計畫不符合其利益時威脅上游國家（埃及面對衣索比亞的態度）。如果有能力這麼做的是上游國家，它將把水當作要脅下游國家的籌碼（即土耳其面對敘利亞和伊拉克時的姿態）。

這並非意味著衝突不會發生。相反的，共同管理大規模河川時的「技術問題」，也可以變成敵對國家之間合作的機會，印度與巴基斯坦即是如此。

約旦河的供水系統

資料來源：Molle et al.，IWMI，2007。

被掏空的死海

約旦河的水量主要來自黎巴嫩南部的高原，以及自1967年起被以色列占領的戈蘭高地（1）。這些水流注入太巴烈湖［lac de Tibériade，按：又稱加利利海（Sea of Galilee）］（2）後，便順著地勢流入死海。然而，大部分的河水都因改道工程轉而流向以色列沿海大城，臺拉維夫便是其中之一。以色列的國家輸水系統（National Water Carrier）（3）自1950年代末期動工，總長130公里，是全國輸水網路的中樞。約旦河下游（4）從此只靠著支流雅爾穆克河（Yarmouk）（5）的注入，而這條河也是敘利亞和約旦之間的國界。因為雅爾穆克河本身也被導向安曼（Amman）和約旦境內的灌溉區，從此流到死海（6）的水量便不斷減少，死海水位因此持續降低，1960年時水位是海拔以下390公尺，現在則是海拔以下430公尺……

以色列與巴勒斯坦用水狀況

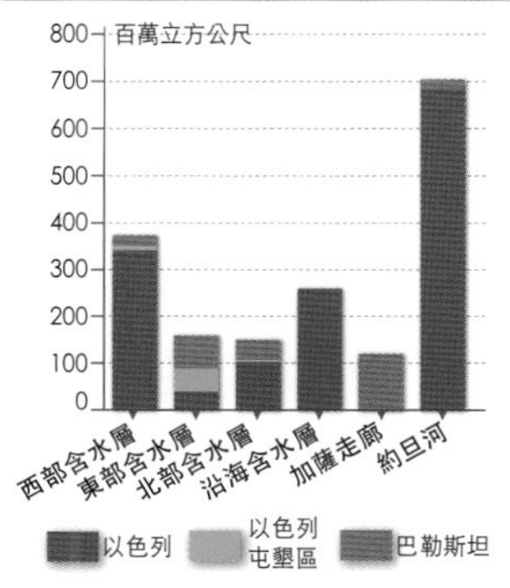

百萬立方公尺
800
700
600
500
400
300
200
100
0
西部含水層
東部含水層
北部含水層
沿海含水層
加薩走廊
約旦河
以色列
以色列屯墾區
巴勒斯坦

資料來源：Alatout，2000。

區域競爭

河川兩岸之間的緊張關係也會在同一國家內部出現：我們可以美國境內科羅拉多河流域諸州為例，西班牙或是印度也有類似情形。近來由於追求水的經濟價值極大化，城市和灌溉地區之間出現了新的衝突，因為城市主張，它所消耗的每一立方公尺的水都產生了更多的財富和就業機會。一如在土耳其，這些區域性和在地性質的衝突會與國際問題結合，有時還會掩蓋「國內的」地緣政治衝突。

新興國家的城市水荒

新興國家的都市成長和經濟發展，使過去微乎其微的工業和都市需求高速成長。在自然資源豐富且灌溉農業不是很重要的國家（如巴西），都市的成長需求比較容易被滿足。但是在其他許多地區（印度北部、中國北方、南非），城市對水的渴求往往促使整個水資源管理方式大幅調整：直到1980年代，大型整治計畫向來以農業用水為優先，此後則改以都市配水為第一考量。

然而，要滿足城市需求，有時必須到非常遙遠的地方取水：約翰尼斯堡得從五百公里外的賴索托山區截水，北京則得靠上千公里外的長江。這種改變並非沒有引起反抗。農人眼睜睜看著自古享有的權利被侵犯，有時整個區域的水源都被霸占。

這種新的管理政策建立在經濟論證上，主要是以都市用水在國內生產毛額和就業機會上能夠生產較高價值為訴求。澳洲的幾個數據顯示，農業用水相對於礦業或是工業用水來說收益較低。另一項更深入的研究證據則顯示農人和都市人不同，他們很少付全額的水價，否則他們的生產就會不敷成本。

除了計算方式精準與否的討論之外，針對推論過程的批評也不絕於耳。首先，在那些灌溉農業發達的國家，水是農業生產的首要限制因素。這些農業用水往往是被都市人間接在三餐飲食中消耗掉了。如果我們把產品完整的產銷流程列入考量，把鄉村和都市分開來沒有多少意義。再來，在去遠方截水之前，城市可以採行節水措施（減少輸水網路的漏水、局部性回收廢水等等），讓都市用水的需求量降低。但即使在都市施行這些昂貴的節水措施，後進國家城市地區的用水不斷提高的事實，可能會演變成日後衝突的源頭。

土耳其：東南安那托利亞計畫與庫德族問題

東南安那托利亞計畫（土耳其文寫成Güneydogu Anadolu Projesi，GAP），預計藉著農業發展（180萬公頃的農地）和工業發展（以水力發電為基礎），開發一整塊自古以來的不毛之地。這項計畫的基礎是數座大型水壩，其中最重要的阿塔圖克大壩（Atatürk，擁有48立方公里的容積，象徵性地以土耳其共和國的創建者為名）。不過這項計畫也符合土耳其國內和國際地緣政治的需求。當然，它的焦點是平衡國土利用，但更是為了收編庫德族人（庫德族此一名詞卻從沒被提出來過），他們是這項計畫影響範圍內的主要居民。就國際關係來看，土耳其具體的用水需求，讓它未來在面對敘利亞和伊拉克的需求時可以合理化其「權利」。

水的附加價值—依經濟部門別

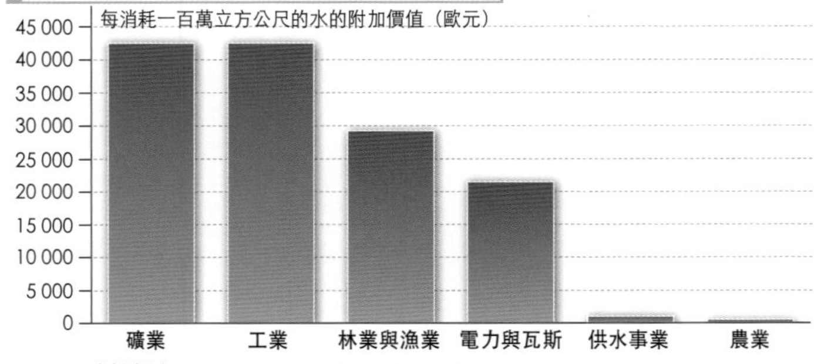
每消耗一百萬立方公尺的水的附加價值（歐元）
45 000
40 000
35 000
30 000
25 000
20 000
15 000
10 000
5 000
0
礦業
工業
林業與漁業
電力與瓦斯
供水事業
農業

資料來源：Australian Bureau of Statistics，2004。

如是說

21世紀與水有關的主要衝突，很可能是在那些降雨量不高的國家發生，尤其是在城市與灌溉地區之間，然而都市卻必須依賴灌溉地區來填飽肚子。

水的管理：一項政治議題

以夏季長期乾旱為氣候特徵的地區，水的管理向來是首要的政治問題，以解決城市之間、區域之間、不同的勢力之間的衝突。

西班牙：國家用水還是地區用水？西班牙的水開發史與國家政治演變是相連結的。第一波興建水壩的風潮和大型輸水網的計畫，來自1898年對美國戰爭失敗後，深受打擊的年輕工程師為了追求復興（Regeneracionismo）而投入的熱忱。但是「水力建設狂熱」的高峰則是佛朗哥時期〔因他出席諸多水壩的落成典禮，故被取了巴寇．拉納（Paco Rana）的外號，即「水蛙兄」之意〕，把太加斯河（Tage）導向地中海的工程尤具代表性。大型水利建設與佛朗哥政權的關係，說明了全國性的水利整治計畫，例如把厄伯河（Èbre）導向南方的做法，何以在環保面與政治面均備受抨擊。面對中央政府重新分配水資源的政策，自治區希望能保有「我們的水」。

加州：灌溉美國夢。加州的輸水網路立基於聯邦政府、加州政府以及地方水資源管理單位所鋪設的水道。整個系統反應了一些有時互相矛盾的優先次序：加州政府以中央山谷（Central Valley）為優先；洛杉磯市政府以供應迅速成長的城市為優先；聯邦政府則以供應當地某座重要軍事工業設施的用水為優先。這是很複雜的競賽，其中有眾多參與者、紛雜的訴求（環保、經濟、政治），抗爭運動有時相當激烈，並因此產生傳奇人物，譬如洛杉磯市的水利工程師慕荷蘭（William Mulholland）：這當然是傳奇，畢竟好萊塢如果沒有這些引水道的話，也不過就是一座風塵滿天的小鎮。

土耳其與東南安那托利亞計畫
75 公里
水壩
東南安那托利亞計畫涵蓋的範圍
灌溉區域
主要運河
烏爾法灌溉隧道
克本水庫
愛拉齊
土耳其
馬拉提亞
幼發拉底河
迪雅巴克
阿塔圖克水壩
馬丁
伊利蘇水壩
吉茲瑞
加吉安
比勒西克大壩
敘利亞
底格里斯河
伊拉克
資料來源：De Tapia，2003；Mutin，2002；GAP。

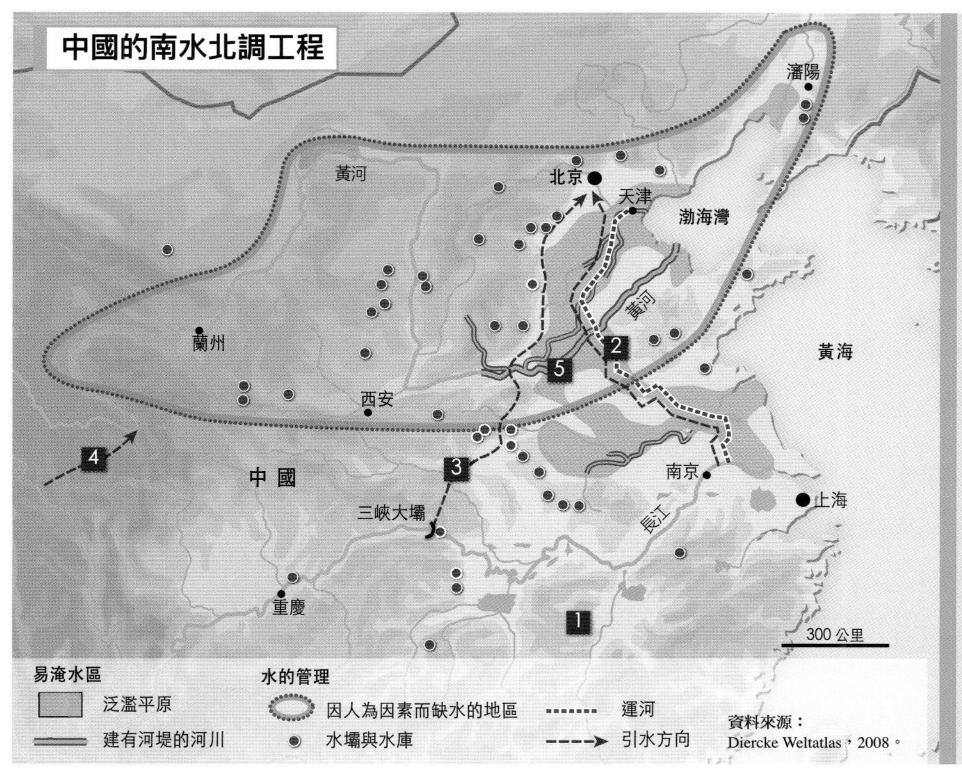
中國的南水北調工程
瀋陽
黃河
北京
天津
渤海灣
黃河
蘭州
2
5
黃海
西安
4
3
中國
南京
上海
三峽大壩
長江
重慶
1
300 公里
易淹水區
泛濫平原
建有河堤的河川
水的管理
因人為因素而缺水的地區
水壩與水庫
運河
引水方向
資料來源：
Diercke Weltatlas，2008。

一分為二的中國

就水文而言，中國一分為二。長江（1）以南雨量充沛，然而北方雨量較少，且面臨經濟快速成長後供水不足的問題。為了挽救此一失衡現象，中國政府建立了龐大的輸水系統，以三條「調水線路」把南方的水引到北方大城：東線乃順著古代的「大運河」（2），中線則以三峽大壩為起點（3），此外還有西線（4）。儘管有這些工程和眾多的水庫，黃河（5）這條北方大江仍舊總是在注入大海前就枯竭了。

用水權：全球性議題

聯合國於2000年為2015年所訂下的「千禧年發展目標」是相當有企圖心的：與水有關的目標是要讓無法穩定取得飲用水、也沒有最基本的衛生設施的人口比例減少一半。事實上，從1990年到2016年，全球共有二十六億人的用水權利獲得改善。但是還有六億人口沒有最低限度的飲用水可用，十二億以上的人口沒有衛生設施。千禧年目標看來訂得不高，但我們經常忽略的是，先進國家花了將近一個世紀的時間才讓他們的人民都有水可用，而且相較之下，他們的財政資源是很充裕的。

後進國家的城市供水系統參差不齊

在後進國家，那些「有接管」、也就是家裡無時無刻都享有自來水供應（在大城市的富裕區域可獲得的標準西方設施）的人家，和那些根本沒有自來水可用的人家之間，存在著好幾種階層。
條件和前者比較接近的居民固然都有自來水，然而其輸水管道陳舊，而且不管是就水量（經常性的斷水、水壓不足）還是就品質（不可生飲）而言，都是問題重重。這些居民必須買瓶裝水，或是到通常由居民共同管理的取水站汲水。相對的，到取水站取水還算是容易。不過，當取水站的密度不是很高，居民就得跟水販子買水。這些小型私人經營者使用水罐車做大量販售，或是以其它運送方式（驢子、單車、手拉車）做小型販售。
最後，最弱勢的人只能屈就毫無保障的水源（河川或陳陋又挖得不深的水井，通常已受廢水汙染），無任何量或是質的保障。水跟其他產品不同的是，服務品質和所付出的費用之間是沒有關係的：反而當服務越是不固定，中間人就越多，價格也越高昂。

非洲大城的水價

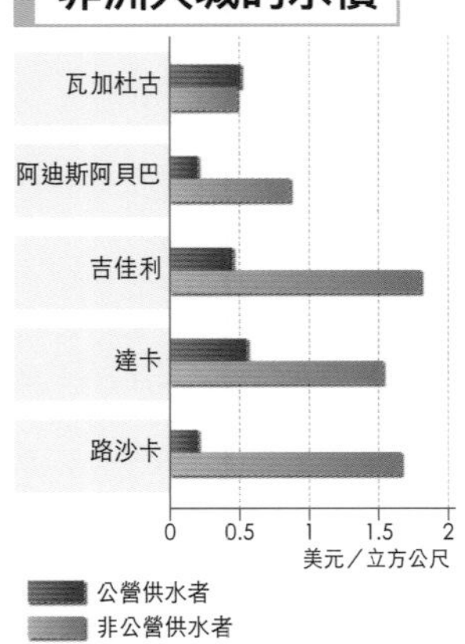
瓦加杜古
阿迪斯阿貝巴
吉佳利
達卡
路沙卡
0
0.5
1
1.5
2
美元／立方公尺
公營供水者
非公營供水者

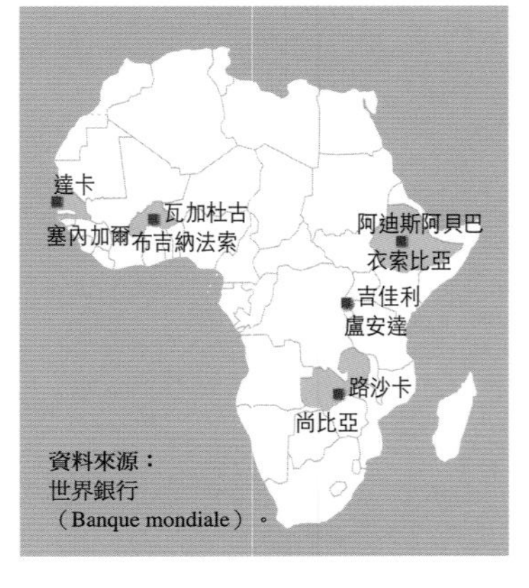
達卡
塞內加爾
瓦加杜古
布吉納法索
阿迪斯阿貝巴
衣索比亞
吉佳利
盧安達
路沙卡
尚比亞
資料來源：
世界銀行
（Banque mondiale）。

南北差距依舊明顯

根據世界衛生組織和聯合國兒童基金會，世界上91%的人口享有乾淨的飲用水。若看衛生設施的比例，數字就下降到68%。這些平均值背後隱藏著巨大的差距：已發展國家人人享有衛生設施，而其他國家只有80%的人口享有飲用水，而且僅50%的人口享有衛生設施。
在非洲撒哈拉沙漠以南地區，兩者比例分別為68%和30%。當我們檢視鋪設到家的自來水管線時，南北差距更加明顯：北方國家幾乎是100%，發展中國家則降到44%，非洲撒哈拉沙漠以南地區則只有16%。
另外，雖然在1990到2004年之間，南方國家人口享有良好水質的比例進步了（由71%提升到了83%），鋪設到家的比例成長卻不是很快速。非洲撒哈拉沙漠以南和南亞都停滯在16%的比例。只有中國出現管線鋪設到家比例的快速成長（由48%成長到95%）。
在世上其他地方，要有乾淨的水可用，端賴集體供應系統的發展。我們是否可以因此說整體上是失敗的？這種說法忽略了一件事，每當數值因為人口成長而停滯，就代表著上百萬人民正開始享受水資源服務：從1990到2016年間，世界上每年約有一億人口獲得乾淨水源。這個數字本身顯示出南方國家必須努力供給的程度。

如是說

「水權包括享有充足的供水，一般體力範圍就能取得，價格低廉，且安全衛生、品質可接受，每個人都可用於個人及家庭用途。」
——聯合國，2002 年。

誰提供最便宜的水？

每立方公尺水價（美元）

5
4
3
2
1
0

公共服務
私營管線
賣水業者
水罐車
挑水伕

這些數據取自47個國家、93個地區

資料來源：PNUD，Rapport mondial sur le développement humain，2006。

南北用水差異

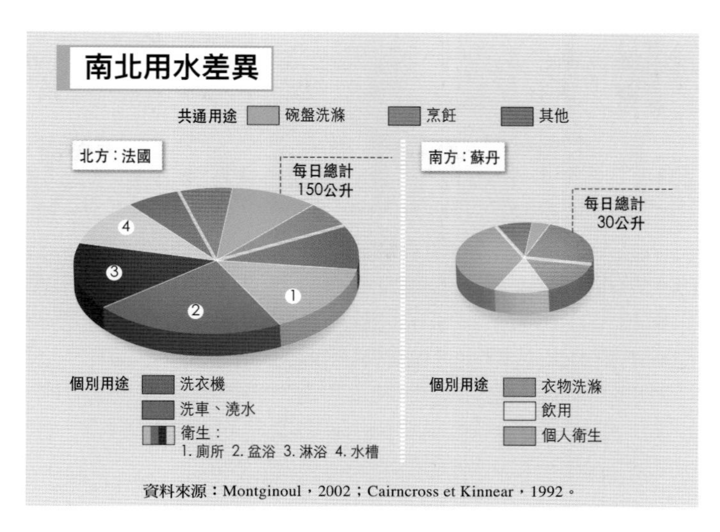

共通用途
碗盤洗滌
烹飪
其他
北方：法國
每日總計
150公升
南方：蘇丹
每日總計
30公升
個別用途
洗衣機
洗車、澆水
衛生：
1. 廁所 2. 盆浴 3. 淋浴 4. 水槽
個別用途
衣物洗滌
飲用
個人衛生

資料來源：Montginoul，2002；Cairncross et Kinnear，1992。

什麼叫做「享有安全飲用水」？

全球有6.5億人口沒有飲用水可用，此一數字只揭示了不平等事實中的一部份。

對世上四分之一的人口而言，「享有安全飲用水」（improved water access）不過是享有最低供水標準，其定義通常是指每人每天可在距離其居住地200公尺的範圍內取得25公升的用水。換句話說，只要在方圓200公尺的範圍內，有一個供應站提供處理過的淨水，而且即使每天只供應幾個小時，就可以被當作是「享有安全飲用水」。

事實上，世上只有三分之一的人享有在法國被認為是正常的服務：隨時有自來水，沒有水量的限制，且有足夠水壓。

衛生設施的情況也是一樣的：「經改善的」設施是指任何一種比沒有通風設備或是化糞池的露天公廁來得好的衛生設施。就全世界來看，超過三分之一的人口連最低程度的設施都沒有，三分之一擁有基本設施，而不到三分之一的人口享有符合西方標準的設施。

無安全飲水之情形

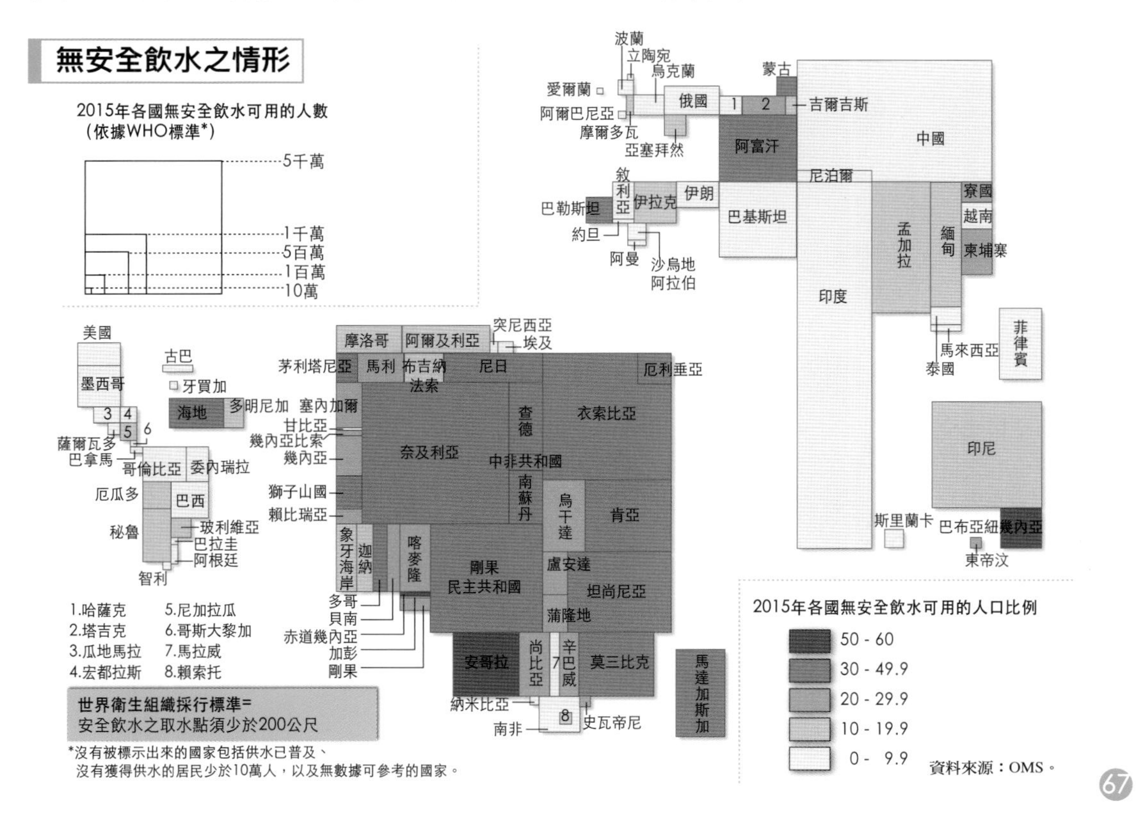

2015年各國無安全飲水可用的人數
（依據WHO標準*）
5千萬
1千萬
5百萬
1百萬
10萬
波蘭
立陶宛
烏克蘭
愛爾蘭
阿爾巴尼亞
摩爾多瓦
亞塞拜然
俄國
蒙古
1
2
吉爾吉斯
阿富汗
中國
尼泊爾
敘利亞
伊拉克
伊朗
巴勒斯坦
約旦
阿曼
沙烏地阿拉伯
巴基斯坦
孟加拉
緬甸
寮國
越南
柬埔寨
印度
馬來西亞
泰國
菲律賓
印尼
斯里蘭卡
巴布亞紐幾內亞
東帝汶
美國
墨西哥
古巴
牙買加
海地
多明尼加
3
4
5
6
薩爾瓦多
巴拿馬
哥倫比亞
委內瑞拉
厄瓜多
巴西
秘魯
玻利維亞
巴拉圭
阿根廷
智利
摩洛哥
阿爾及利亞
突尼西亞
埃及
茅利塔尼亞
馬利
布吉納法索
尼日
厄利垂亞
塞內加爾
甘比亞
幾內亞比索
幾內亞
獅子山國
賴比瑞亞
奈及利亞
查德
衣索比亞
中非共和國
南蘇丹
烏干達
肯亞
象牙海岸
迦納
喀麥隆
剛果民主共和國
盧安達
坦尚尼亞
蒲隆地
多哥
貝南
赤道幾內亞
加彭
剛果
安哥拉
尚比亞
7
辛巴威
莫三比克
馬達加斯加
納米比亞
南非
8
史瓦帝尼
1.哈薩克
2.塔吉克
3.瓜地馬拉
4.宏都拉斯
5.尼加拉瓜
6.哥斯大黎加
7.馬拉威
8.賴索托
世界衛生組織採行標準＝
安全飲水之取水點須少於200公尺
2015年各國無安全飲水可用的人口比例
50 - 60
30 - 49.9
20 - 29.9
10 - 19.9
0 - 9.9

*沒有被標示出來的國家包括供水已普及、沒有獲得供水的居民少於10萬人，以及無數據可參考的國家。

資料來源：OMS。

水：社會與性別不平等的指標

能否取得水資源，跟一個人的社會地位有緊密關係：在先進國家，水曾經是不平等現象的最佳指標，直到自來水服務終於普及為止。如今在已開發國家之外，水還是發揮著這種指標性作用。統計數據顯示，飲用水的取得狀況不僅在鄉村和都市之間存在著差異，在後進國家大都會的不同區域之間也是如此（衛生設施的差異則更明顯）。讓所有人都享有飲用水和衛生設施，這是最快也無法在本世紀中葉之前達成的目標，但也只有如此，才能扭轉關乎這項無可替代的資源的不平等情況。

落後的鄉村地區

全球各地享有飲用水和衛生設施的平均比率，掩飾了鄉村和都市地區之間的巨大差異：在後進國家，一般而言，都市地區的飲用水供給率是82%，鄉村地區則是70%；若論及衛生設施，比率則各是73%和33%。絕大部分的鄉村地區都仰賴集體式的衛生設施：平均只有25%的住家有自來水管，非洲撒哈拉沙漠以南地區則是4%。雖說鄉村地區的公共投資和都市地區比較之下，好像差了一截，我們卻必須注意到，有時鄉村地區依然存在的傳統設備其實可提供良好水源，反倒是抄襲西方設備可能會出現不適合當地環境的問題。我們無法在短期內於非洲鄉村地區鋪設如西方國家的衛生網路。同樣地，太「高科技」與成本過高的解決方式都不是長久之計，因為這些地區缺乏維修設備的財源。

在同一個地區之內也會出現差距：某個擁有以水泥築成的水井或是深水井的村子，可以具備相當令人滿意的衛生條件，然而鄰近的小鎮，身為地下水超抽的受害者，則可能面臨悲慘的危機，迫使家家戶戶的女人到數公里外汲取品質極差的水，也因此導致與水相關的疾病大肆流行。

鄉村地區的供水是未來幾年主要的挑戰：這項工作非常困難，因為投資鄉村會比都市地區更難回收。

非洲城鄉差距

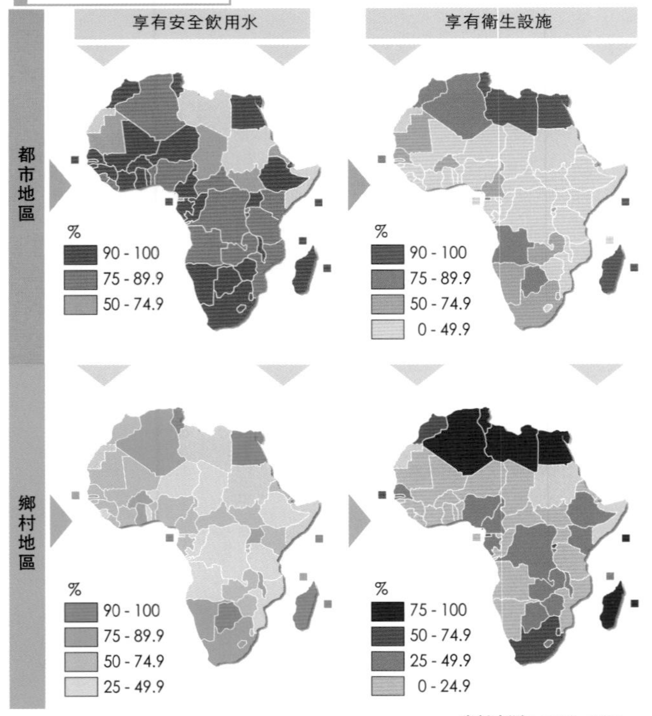
享有安全飲用水
享有衛生設施
都市地區
鄉村地區
%
90 - 100
75 - 89.9
50 - 74.9
%
90 - 100
75 - 89.9
50 - 74.9
0 - 49.9
%
90 - 100
75 - 89.9
50 - 74.9
25 - 49.9
%
75 - 100
50 - 74.9
25 - 49.9
0 - 24.9

資料來源：OMS，2016。

> **如是說**
>
> 「『無法享有』飲用水及衛生設施，是一種威脅生命、摧毀所有機會、傷害人性尊嚴的剝奪形式的婉轉說法。」
>
> ——聯合國開發計畫署，2006 年。

越窮、越沒水、水越貴

這項公理在所有後進國家都說得通，但在南非種族隔離政策末期，即1990年代初期，更是無法抹滅的事實。過去東海岸的特蘭斯凱（Transkei）與夸祖魯（Kwazulu）兩個黑人自治區（bantoustan）乃是長期低度投資的受害者，就全國看來，其落後程度非常嚴重：有時甚至一半以上的人口都沒有乾淨的飲水供應（通常集中於鄉村地區），而在大都市裡則有80%的人口享有此服務。不過即使在大都會裡，還是存在著相當大的差異：在過去專門給白人居住的地方〔桑頓（Sandton）與北部郊區〕，家中有自來水管線的比率幾乎是100%，而且每戶的消耗水量可高達每天400公升；相反的，在那些過去專給黑人和混血人種居住的貧民區〔索維托（Soweto）或亞歷山大（Alexandra）等等〕，絕大部分的人家裡都沒有鋪設自來水管線。自來水供應的分布圖仍可明顯地反映出種族隔離政策所強制切割出來的地理空間。

水供應的不平等情況又因水價而加劇：如果沒有實施任何特別的減價或是補助措施，窮人付出的水費將比富人還高。用水不是一件「可大可小」的事情：每個人為了飲用或是盥洗都需使用某個最小水量。蘇丹喀土穆（Khartoum）郊區的研究顯示，即使水價上漲，水的消費量也不會減少，最窮的人有時必須用一半以上的微薄收入來買水。

因此我們可以明白，為何讓最窮苦的人都有水可用是聯合國的千禧年目標之一，也是後進國家社會平等問題的焦點，還有為何這項問題深具政治敏感性。

取水分工的男女不平等

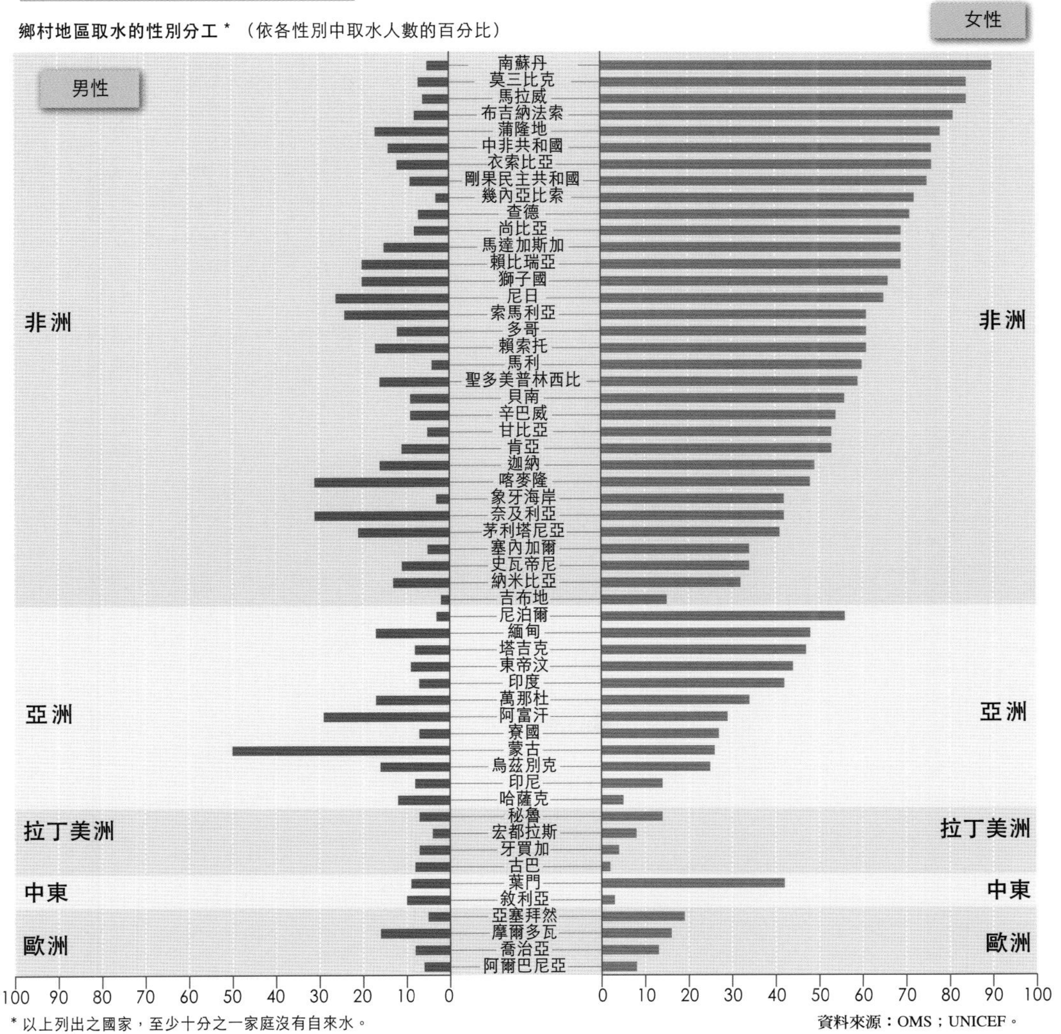

鄉村地區取水的性別分工 *（依各性別中取水人數的百分比）
男性
女性
非洲
亞洲
拉丁美洲
中東
歐洲
南蘇丹
莫三比克
馬拉威
布吉納法索
蒲隆地
中非共和國
衣索比亞
剛果民主共和國
幾內亞比索
查德
尚比亞
馬達加斯加
賴比瑞亞
獅子國
尼日
索馬利亞
多哥
賴索托
馬利
聖多美普林西比
貝南
辛巴威
甘比亞
肯亞
迦納
喀麥隆
象牙海岸
奈及利亞
茅利塔尼亞
塞內加爾
史瓦帝尼
納米比亞
吉布地
尼泊爾
緬甸
塔吉克
東帝汶
印度
萬那杜
阿富汗
寮國
蒙古
烏茲別克
印尼
哈薩克
秘魯
宏都拉斯
牙買加
古巴
葉門
敘利亞
亞塞拜然
摩爾多瓦
喬治亞
阿爾巴尼亞
100 90 80 70 60 50 40 30 20 10 0
0 10 20 30 40 50 60 70 80 90 100

* 以上列出之國家，至少十分之一家庭沒有自來水。

資料來源：OMS；UNICEF。

水的「全球市場」

實踐千禧年發展目標所需的資金預計是每年一百到三百億美金。地方政府的財政能力是不足以完成這項目標的，因此國際援助單位便鼓勵私部門加入，於是出現了公權力、主管供水系統的單位、專營水資源管理的大型私人企業三方合作的模式。雖說私人企業的專業知識是備受肯定的，然而將公共服務委託私人企業的做法有時卻遭受質疑。

公私合營

所謂水的「全球市場」是很特別的：此一市場不是國家或是地區之間交換水資源，而是地方政府向國際公開招標，獲得回應後，雙方以公私合營的方式管理水資源。

公私合營（Partenariat public-privé）是由政府部門與私營企業針對與水有關的各項服務所簽訂的契約（建造管線、維修、收支費用計算等等）。水資源服務委外的形式有許多種、時間長度也不一：可能是如智利把整個供水網路全部私有化，也可能是協助計費、尋找漏水等簡單輔助。公私合營模式在全世界越來越盛行，卻仍是特例：90%仍由公部門管理。至於受到委託的私營企業，以威立雅（Veolia Eau）、蘇伊士環境集團（Suez Environnement）、泰晤士水務公司（RWE Thames Water）和梭爾管理公司（Saur）為全球龍頭企業。

委外的公共服務是由簽約的企業提供，其背後的基本假設是：只有私人企業擁有必要的資金與專業知識，來達成公部門所設定的遠大目標。雖然不少後進國家的大都會都實現了願景，例如摩洛哥的丹吉爾（Tanger），然而，公私合營的做法有時會遇到民眾強大的抵制（批評水費上漲、某些契約是黑箱作業等），造成私人企業退出這些大都市，譬如玻利維亞的科洽班巴城（Cochabamba）、阿根廷的布宜諾斯艾利斯皆是如此。

就數量和投資額來看，從西元2000年起，公私合營的模式在發展中國家便開始退燒了，尤其是在非洲和拉丁美洲，這也讓供水管道和衛生設施的資金問題變得懸而未決。

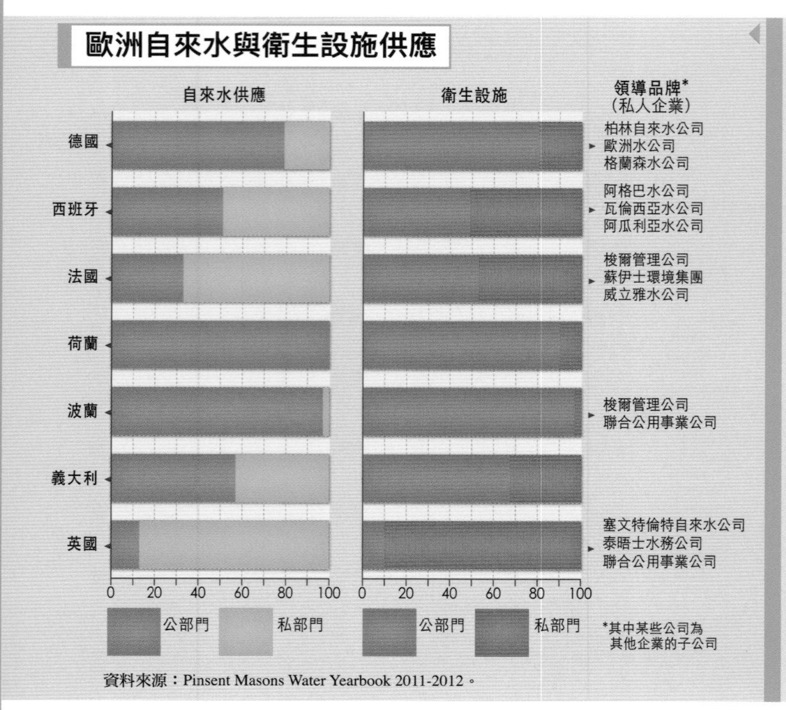
歐洲自來水與衛生設施供應
自來水供應
衛生設施
領導品牌*
（私人企業）
德國
西班牙
法國
荷蘭
波蘭
義大利
英國
柏林自來水公司
歐洲水公司
格蘭森水公司
阿格巴水公司
瓦倫西亞水公司
阿瓜利亞水公司
梭爾管理公司
蘇伊士環境集團
威立雅水公司
梭爾管理公司
聯合公用事業公司
塞文特倫特自來水公司
泰晤士水務公司
聯合公用事業公司
0 20 40 60 80 100
0 20 40 60 80 100
公部門
私部門
公部門
私部門
*其中某些公司為
其他企業的子公司

資料來源：Pinsent Masons Water Yearbook 2011-2012。

歐洲在公私部門之間徘徊

在歐洲，根據每個國家不同的習慣性做法，彼此之間的差異很大。有些國家的水管理部門澈底公有化（荷蘭、瑞士），但譬如英國就選擇了私有化。其他一些國家則在兩者之間，但水費或是服務品質並未因此而有明顯的不同。在法國，威立雅環境公司〔前身是1853年成立的通用水務公司（Compagnie générale des eaux）〕和蘇伊士環境公司〔前身是1867年成立的里昂水務公司（Société lyonnaise des eaux）〕主導了大多數大城市的水資源管理事務。連同梭爾管理公司，這三家公司掌控了72%的法國自來水市場與55%的衛生設施管理，平均契約年限是12年左右。

瓶裝礦泉水市場

因為礦泉水的買賣型態跟所有其他商品一樣，所以瓶裝礦泉水的全球市場跟自來水比起來更接近典型的市場運作。全球礦泉水市場成長迅速，而且無論是擁有特殊成分的傳統礦泉水，還是取自天然湧泉的礦泉水，或是裝在好幾公升大的塑膠桶裡、由大型食品公司〔可口可樂公司、雀巢公司、法國達能公司（Danone）〕產銷的「純水」，都一樣大發利市。

歐洲的礦泉水消費量驚人，被視為礦泉水的傳統市場，在某些後進國家市場則快速成長，例如墨西哥、阿拉伯聯合大公國、沙烏地阿拉伯。礦泉水在當地比自來水還貴上百倍、千倍，但很不幸的是，有時這卻是他們唯一可取得的水源。在先進國家，其經濟與環境成本則備受爭議。

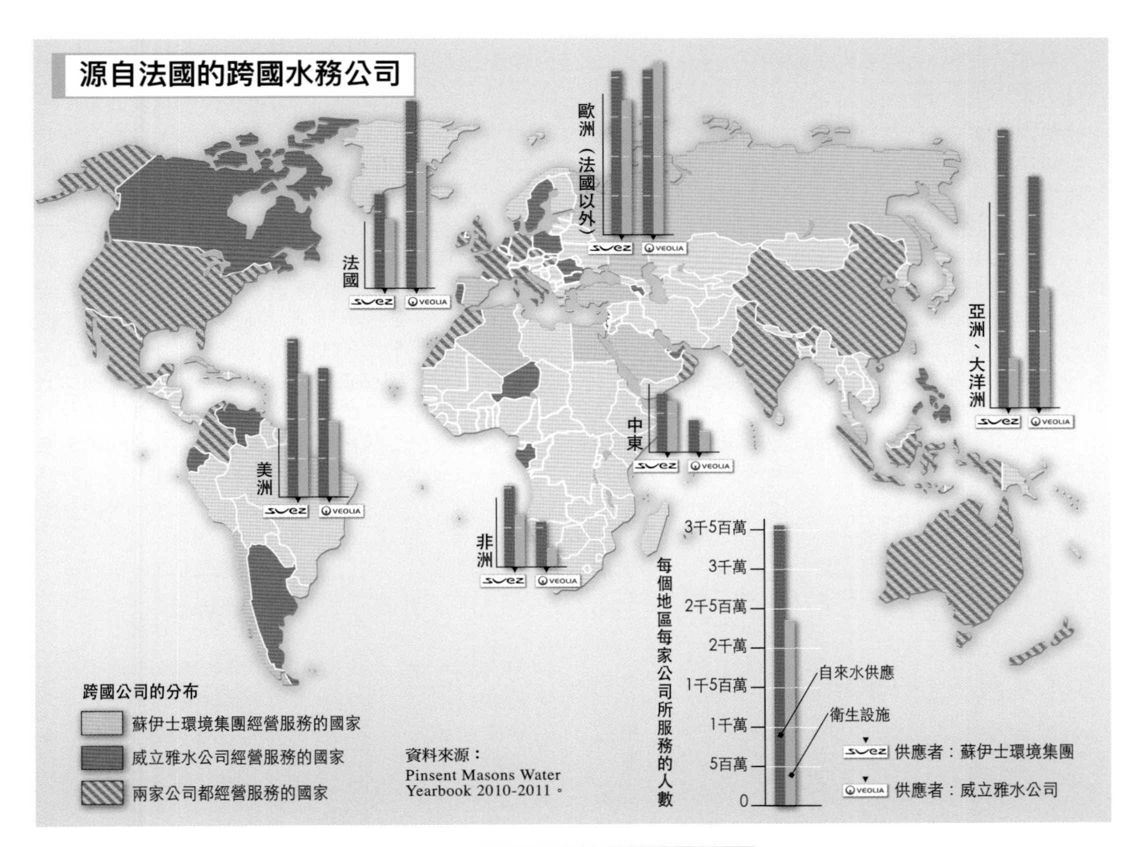
源自法國的跨國水務公司
法國
歐洲（法國以外）
亞洲、大洋洲
中東
美洲
非洲
suez
VEOLIA
3千5百萬
3千萬
2千5百萬
2千萬
1千5百萬
1千萬
5百萬
0
每個地區每家公司所服務的人數
自來水供應
衛生設施
供應者：蘇伊士環境集團
供應者：威立雅水公司
跨國公司的分布
蘇伊士環境集團經營服務的國家
威立雅水公司經營服務的國家
兩家公司都經營服務的國家
資料來源：
Pinsent Masons Water Yearbook 2010-2011。

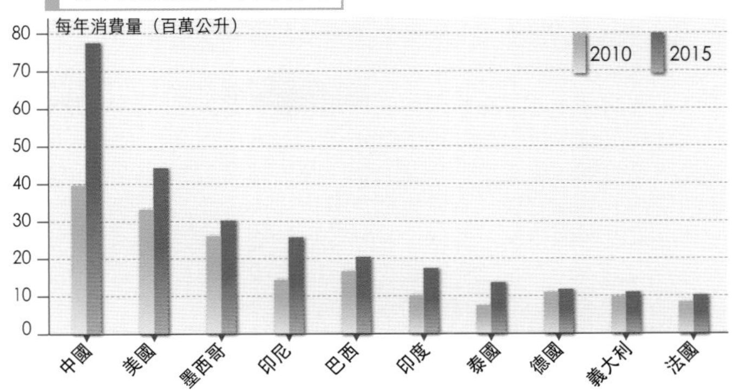
瓶裝礦泉水的消費
每年消費量（百萬公升）
2010
2015
80
70
60
50
40
30
20
10
0
中國
美國
墨西哥
印尼
巴西
印度
泰國
德國
義大利
法國
資料來源：Bottle Water Reporter，juillet-août 2016。

如是說

「老天爺給了水，但沒給水管。」
——蘇伊士環境公司總裁傑拉爾．梅斯特雷（Gérard Mestrallet），2003 年。

自來水的價格

水部門所需的投資是相當龐大的。縱使問題很簡單（誰該出錢？），答案則非常地複雜。在歐洲，尤其是在法國，供水系統的擴建主要是由稅收支應。不過，現今趨勢則是把這些主要成本轉嫁給末端消費者：「取之於水，用之於水」（L'eau paye l'eau）的說法正是這個意思。但是，對那些最窮苦、毫無支付能力的人來說，這種制度必須搭配直接補助或者費率調整的措施。

法國的水價

一張自來水帳單包含三種主要費用：供水（45%）、廢水的收集與處理（39%）、其它稅目與特許使用權費用（redevance）（共計16%）。自來水的價格和衛生設施的費用一樣，有一部分是固定費用（月租費），另一部分是隨著用水量而計算出來的，但還必須加上水公司收取的特許使用權費（名義包括在大自然中汲水與汙染風險等）、法國航道管理局（VNF）徵收的特許權費，以及地方稅、自來水與衛生設施的增值稅等等。
根據法國環境研究所（Institut français de l'environnement），2014年時法國每個省的平均水價差距可達到雙倍之多：從每立方公尺3.02歐元〔上阿爾卑斯省（Hautes-Alpes）〕到5.55歐元〔洛特—加隆省（Lot-et-Garonne）〕都有，全國平均水價維持在3.92歐元，比歐洲平均水價低10%。價格的差距主要來自水源的不同（地下水的平均水價是1.2歐元，地表水的平均水價是1.6歐元），還有水質差異（譬如不列塔尼地區的水質很差），以及整個輸送管道的架設（受人口分布與密度影響）。最後還須加上城市與鄉村地區的差距與管理方式的差異。
根據法國環境研究所資料，當數個鄉鎮市（commune）的地方政府聯合提供水資源服務時，因為往往會把管理委託給私人企業，所以水價通常較高——然而，波士頓顧問公司（Boston Consulting Group）的研究顯示，地方政府收回管理權之後，水價卻很少因此下降。1994到2014年間，法國水價平均上漲了50%，1990年代尤其明顯，這是因為投資衛生設施標準化的關係。自1999年起，水價上漲趨勢吻合一般通貨膨脹的速度。平均而言，水費約占每個家庭0.8%的預算（而電話通信費約占2.4%）。

人人有水：但價格是多少呢？

每個負責供水的單位，不分公家或私人，都宣稱讓最窮的人也有水用是他們的目標。其困難之處是在實現這些善意的口號之餘，又能維持穩定的財政。在水資源管理的領域裡，一般而言，「委託行使」與「政府執行」已逐漸合流，現今趨勢是儘量讓成本由末端消費者來承擔。而圈護措施（ringfencing，把供水服務和其他的市政預算分開）則禁止以稅收補助供水服務。
所以，要怎麼做才能讓水價不致成為最貧窮的人無可負荷的重擔？目前嘗試過的幾種做法，大多以漸進費率為原則：前幾公升便宜計價，然後隨著用水量的增加，每立方公尺水價也隨之升高，一般認為這可以幫助節約用水。然後，在一定的門檻、通常是每戶每月30至40立方公尺以上，則讓價格高到足以嚇阻浪費的行為。南非提出更澈底的做法，讓前6立方公尺免費，以一個有四名成員的家庭來說，相當於每人每天可用50公升的量。這種方法的出發點，是讓較有錢的消費者來承擔較貧窮的人的消費。即使還有其它的配套措施（引進預付費水表，或在不付水費時，施以更強制的限水和懲罰手段），這種做法為水資源管理加入社會性考量，避免為了回收全部成本而造成問題。它呼應、甚至超越了「資助水資源基本建設世界會議」的建議〔康德蘇報告（Rapport Camdessus）〕，其中主張「應該建立合理的計價方式，保證人人都付得起水費」。

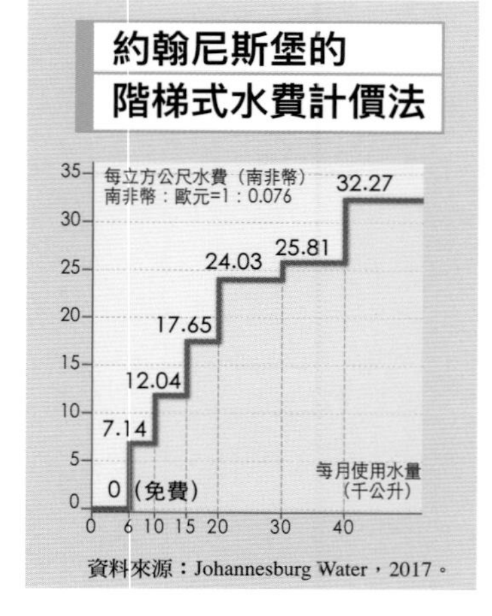
約翰尼斯堡的
階梯式水費計價法
每立方公尺水費（南非幣）
南非幣：歐元=1：0.076
35
30
25
20
15
10
5
0
0 (免費)
7.14
12.04
17.65
24.03
25.81
32.27
0
6
10
15
20
30
40
每月使用水量
（千公升）
資料來源：Johannesburg Water，2017。

如何籌措財源才能讓人人有水用？

在已開發國家，自來水和衛生設施的主要資金來源是地方政府長期一點一滴投入的成果，在後進國家，應付成長迅速的都市所需的資金遠遠超過地方財政能力，尤其是非洲撒哈拉沙漠以南地區。所以，如何才能支付新基礎建設的建造與維修呢？

在1990年代初，大型跨國企業似乎是唯一可以負擔相關必要資金者。以公私合營的方式所展開的大型投資計畫，因而在布宜諾斯艾利斯或是約翰尼斯堡等大城興起。而今天，若排除中國這個特例，大型跨國水務公司似乎因為複雜的當地情況或是無法取得足夠的利潤，而自最貧苦的國家撤出。於是，跨國企業在飲用水基礎建設計畫中的資金占比降低了，在經過1990年代迅速的成長之後，從1995年的13%降到2012年的7%。

所以，要讓每個人都有水而必須處理的財源問題仍未解決。當今政府單位（60%）和私人企業（15%）擔負的資金已達75%……

如是說

「世界銀行完全搞錯了方針。它執意要像在已發展國家一樣讓使用者付費，於是最貧窮的人就被排除在供水系統之外。」

——水資源專家巴拉卡（Bernard Barraqué），2008年。

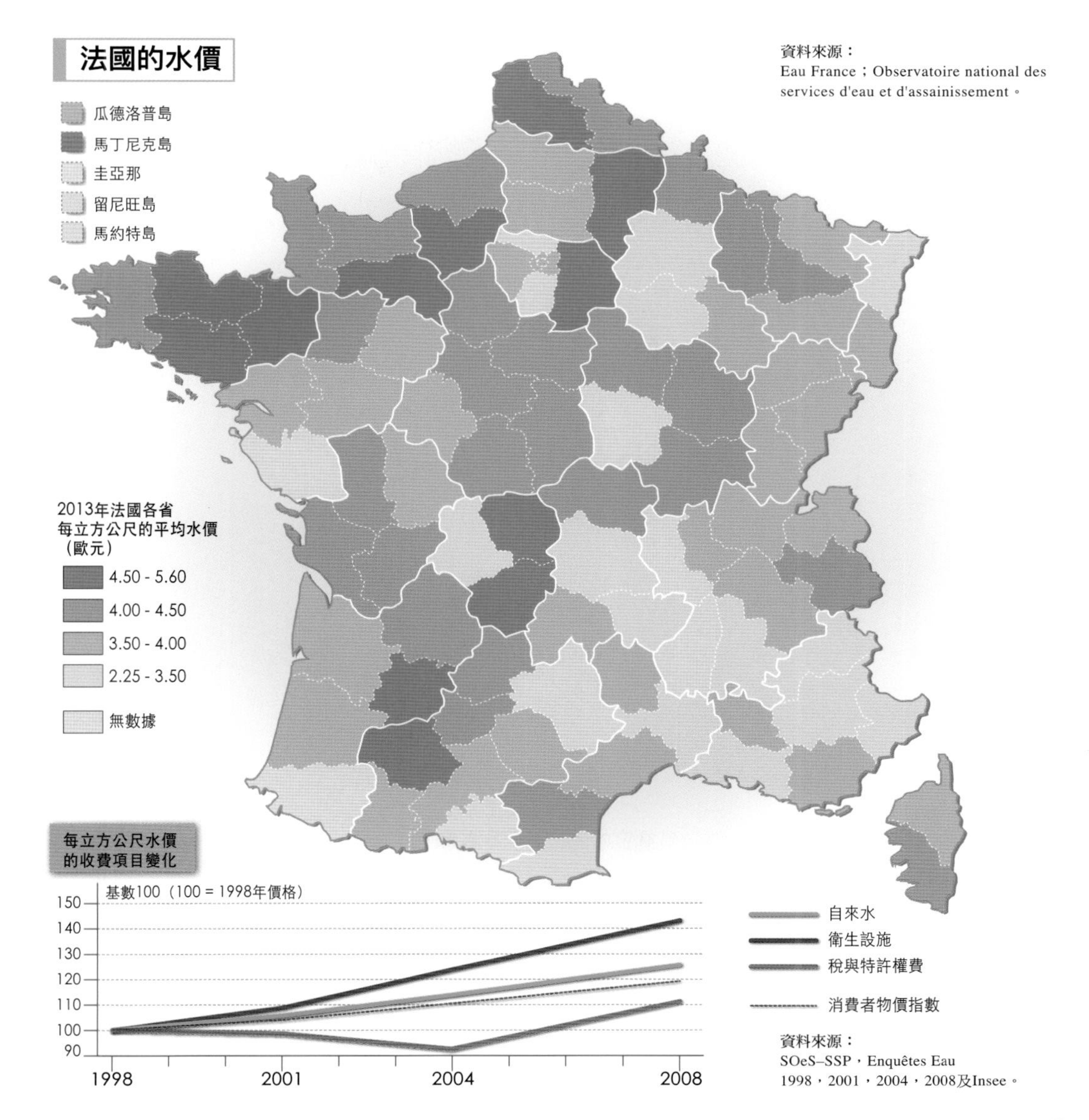
法國的水價
資料來源：
Eau France；Observatoire national des services d'eau et d'assainissement。
瓜德洛普島
馬丁尼克島
圭亞那
留尼旺島
馬約特島
2013年法國各省
每立方公尺的平均水價
（歐元）
4.50 - 5.60
4.00 - 4.50
3.50 - 4.00
2.25 - 3.50
無數據
每立方公尺水價
的收費項目變化
基數100（100 = 1998年價格）
150
140
130
120
110
100
90
1998
2001
2004
2008
自來水
衛生設施
稅與特許權費
消費者物價指數
資料來源：
SOeS–SSP，Enquêtes Eau
1998，2001，2004，2008及Insee。

小結

這是一個財政能力的問題

讓每個人都有水需要非常龐大的資金。為了應付這些需要，有好幾種籌措財源的方式。我們經常提及國際組織的角色，像是世界銀行或是全球性的援助計畫，但他們只占了18%的資金，地方政府則負擔了60%，剩下的，就由出資比率逐漸增高的地方民間單位（15%）以及蘇伊士和威立雅這類跨國企業來承擔。

跨國企業的角色

自1990年代起，採用公私合營、聯合了跨國水資源企業和地方政府的大型投資計畫，在馬尼拉、布宜諾斯艾利斯、約翰尼斯堡等城市不斷興起。然而近年來，我們也注意到跨國企業從最貧窮的國家撤退的事實。在這些社會不平等相當嚴重的都會地區從事基礎建設、供水系統的維護和管理等，背後的成本都讓獲得利潤的可能性迅速縮水。而且，這種「私有化」的做法也遭到人民激烈的反抗，特別是拉丁美洲地區。

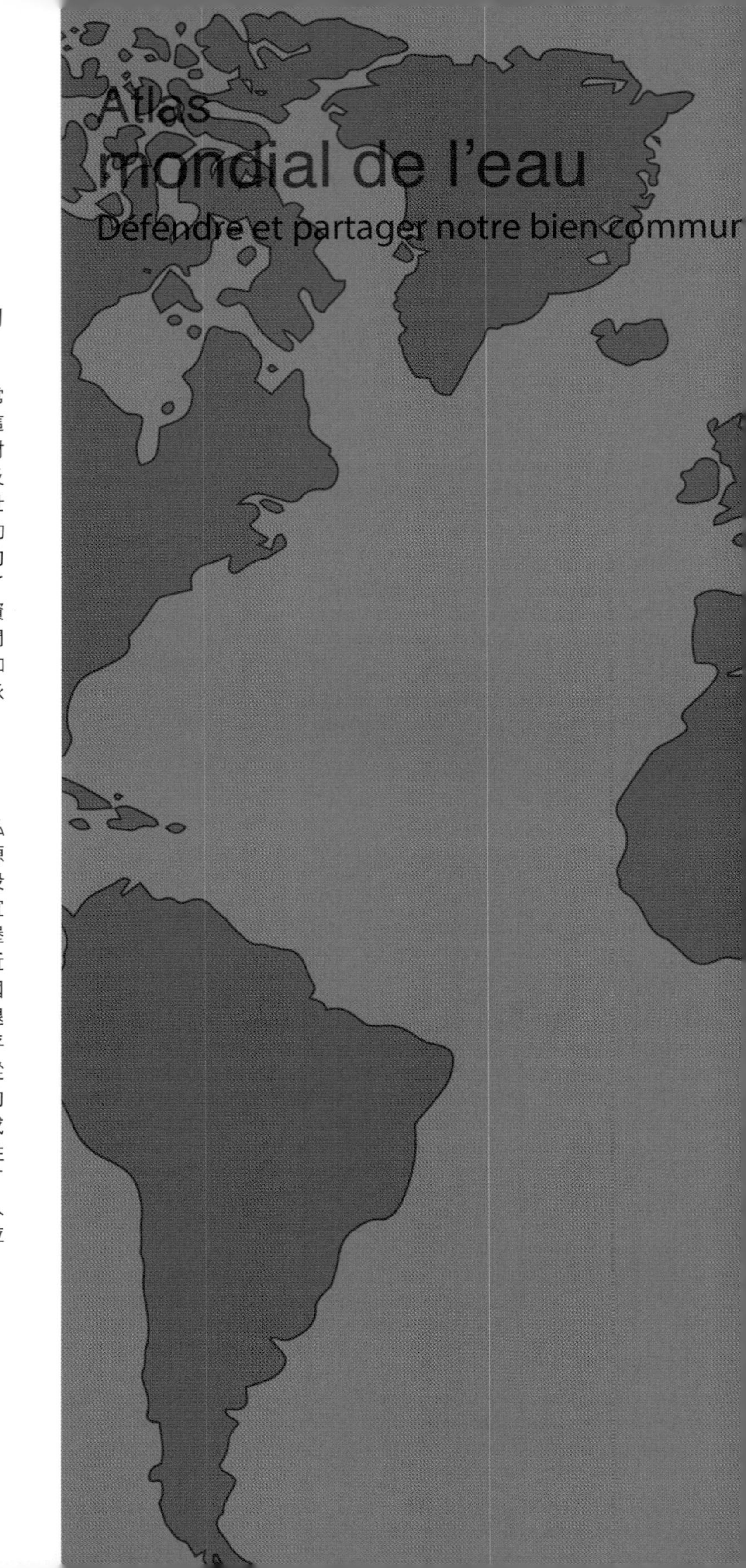
Atlas
mondial de l'eau
Défendre et partager notre bien commun

21世紀的挑戰是什麼？

未來數十年間，我們所面對的挑戰主要有三項：養活持續增加的人口，回應都會地區持續成長的需要，同時保護環境生態。

從1970年代起舉辦的多次國際性會議可以看出「水資源危機」長期受到關注。透過這些國際性會議的力量，形成了一種全球性的水資源管理「模式」，其基本原則就是水資源的整合性管理（Gestion intégrée des ressources en eau），以及從供應的管理轉向需求的管理。這代表將限制新的基礎建設，並以調整現今的使用狀況為優先，方法包括鼓勵節約，以及必要時把水資源導向更具生產力的部門。

在國際間，整合性管理的具體實踐包括：以河川流域為管理單位的部門增加、用水者組成的團體越來越多，以及依據「取之於水，用之於水」與「汙染者付費」兩大原則來實施以鼓勵節水為目的的漸進費率。

潛在危險地區

隨著人口和生活水準都與日俱增，眾多原已拉著警報的河川流域恐將越加嚴重。在2025年，三十多個主要流域、相當於世界一半左右人口的居民將落入水資源吃緊狀態（stress），另外，十多個大型流域亦可能陷入貧乏狀態（pénurie）。然而，以每人原水供給量來衡量，並不足以斷定到底未來危機會在哪裡爆發。如同今天，未來的水資源危機乃是環境、經濟、政治與社會等因素結合的後果。

從水文風險到「水文政治」風險

水文風險的界定，通常是結合了不穩定的天候（水災、旱災）與居民脆弱的抵禦能力。在綜合這兩大考量因素後，我們可將具潛在危險的地區分成具有水文風險（risque hydraulique）或是水文政治風險（risque hydropolitique）兩類。

風險最大的還是明顯受到氣候因素牽制的區域：乾燥與半乾燥地區的降雨情況是最不穩定的。然而，乾旱與洪災只有在居民應付天災的能力有限時才具威脅性。由此可知，貧窮國家的抵禦能力是最低的，譬如從塞內加爾延伸到蘇丹的蘇丹—沙赫爾地帶（bande soudano-sahélienne），以及亞洲西部（除了波斯灣沿岸的國家之外），都可能是未來水文條件最不穩定的區域。

在已開發國家和新興國家，不穩定的條件同樣存在，但他們都能動用不同資源以提高抵禦力：採取各種預防性政策（在法國有防洪計畫書）及減災政策（建蓋水庫或是引水道以應付乾旱），以及在災害嚴重時迅速動員。

「水文政治」風險的概念納入了其他兩項因素：河川流域因為跨越不同國家而被切割的現象，以及因為其中一國或多國而引起的對立。水文政治風險最高的流域是尼羅河、約旦河、底格里斯河、幼發拉底河，以及注入鹹海的錫爾河與阿姆河。即使不太可能因為水而開戰，水文政治緊張的現況則讓處理水文風險的前景變得十分黯淡。例如就鹹海流域而言，哈薩克採取措施挽救境內的「小鹹海」，卻因此讓主要位於烏茲別克的「大鹹海」的情況快速惡化。

2050年的水資源情勢

最迫切的問題
龐大的水資源壓力
（可再生資源已使用超過35%）
管理能力不佳
（貧窮指數極高）
自來水與衛生設施不足
現有或累積的工業汙染
多項因素交雜
惡化因素
降雨量不穩定
高度依賴外國資源
（超過50%）

資料來源：
FAO Aquastat；Lawrence，Meigh et Sullivan，2002。

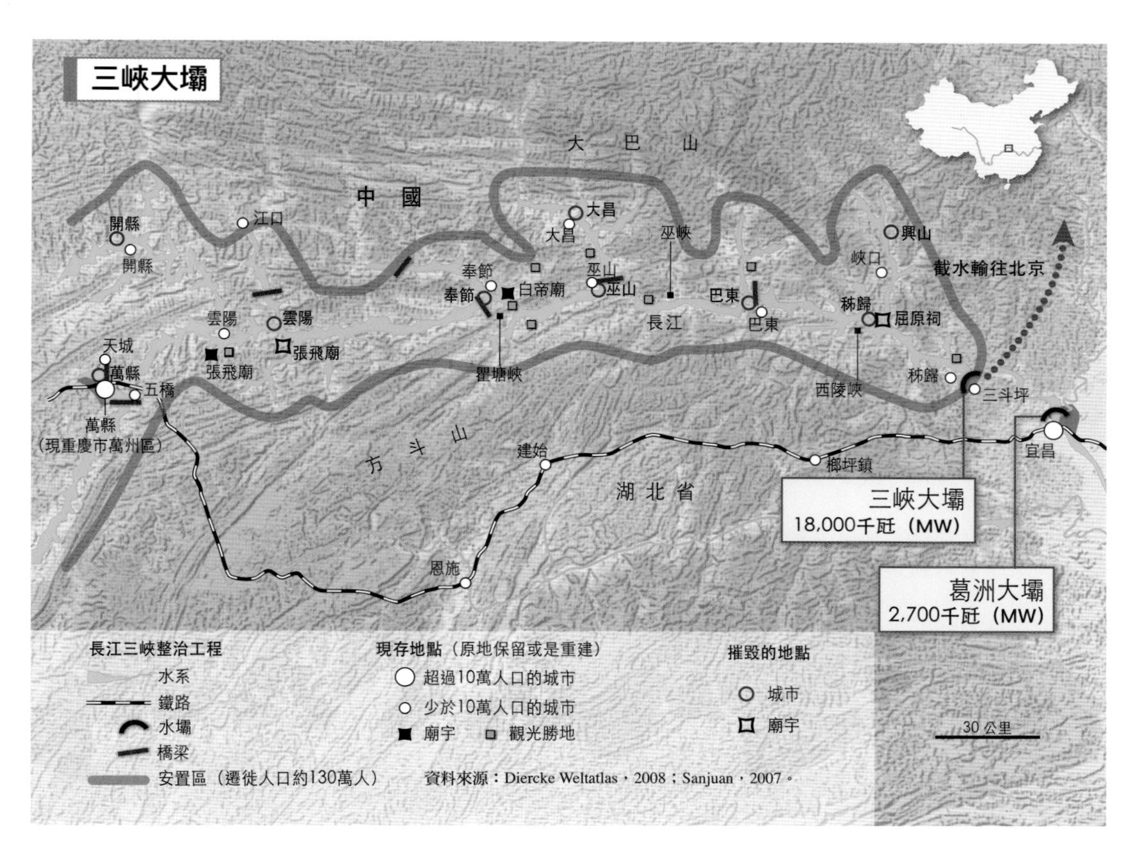
三峽大壩
大　巴　山
中　國
開縣
開縣
江口
大昌
大昌
巫峽
興山
峽口
截水輸往北京
奉節
奉節
白帝廟
巫山
巫山
巴東
巴東
秭歸
屈原祠
雲陽
雲陽
長江
天城
萬縣
張飛廟
張飛廟
瞿塘峽
西陵峽
秭歸
三斗坪
五橋
萬縣
（現重慶市萬州區）
方　斗　山
建始
椰坪鎮
宜昌
湖　北　省
三峽大壩
18,000千瓩（MW）
恩施
葛洲大壩
2,700千瓩（MW）
長江三峽整治工程
水系
鐵路
水壩
橋梁
安置區（遷徙人口約130萬人）
現存地點（原地保留或是重建）
超過10萬人口的城市
少於10萬人口的城市
廟宇
觀光勝地
資料來源：Diercke Weltatlas，2008；Sanjuan，2007。
摧毀的地點
城市
廟宇
30 公里

如是說
聯合國科教文組織最近的研究指出，世界上21個河川流域具有「潛在風險」，這些地方總共囊括了將近10億人口。

中國的三峽大壩與全盤整治水文的迷思

2009年起開始運作的中國三峽大壩，是全盤控制水資源的全國性政策中的傑作。此座大壩高達150公尺，儲水量將近140立方公里，它把中國最長（以流量而言乃世界第四大）的河川長江圍堵起來。附屬的水力發電廠預計可生產中國10%的電力。

這座大壩所產生的環境與人文衝擊與其規模不相上下：將近130萬人口被迫遷離，上百座歷史與考古遺跡從此淹沒水中，僅經過草率評估的環境衝擊可能還會繼續擴大。這項偉大不朽的工程與中國神話中大禹治水（西元前2000年）以來進行大規模水利工程的傳統乃是一脈相承。面對席捲全國、後果慘重的乾旱與洪災，這是一場意欲全盤控制水文資源的危險賭博。
就長期而言，為了取得這些廣闊無邊的水庫中的儲水，地區性與全國性的搶水競爭將愈加激烈。

跨國的大型合作計畫

當初是因為河川航行的問題，才促使鄰近國家建立國際合作機制，以共同管理河道：1815年的維也納會議便催生了萊茵河航運中央委員會（CCNR）。然而，必須等到二十世紀，國際合作才擴大到其他的水資源用途，跨國河川流域管理組織的普及化更要等到二十世紀末期。奧瑞岡大學的地理學家沃夫（Aaron Wolf）針對1,863起與水有關的事件進行調查，結果顯示一般而言合作遠勝於衝突。

從赫爾辛基原則到國際合作機制

為了能夠和平解決因水引起的爭端，聯合國大會在1997年表決通過《國際水道非航行使用法公約》，共計103國贊成，27國棄權（包括了印度、巴基斯坦、法國和衣索比亞），3國反對（中國、土耳其、蒲隆地）。這項公約再次肯定了公平且合理使用水資源的基本概念（第五條），不可造成其他水道國損失的基本義務（第七條），以及一般的合作義務（第八條）。此公約重拾了1966年在赫爾辛基所聲明的基本原則。但是在聯合國宣言之外，大型跨國流域組織的普及化是國際合作最明顯的徵兆。今天，世界上大部分的大型流域都有常設組織以協調其政策，例如成立於1999年的尼羅河流域組織（Nile Basin Initiative）。這些不同的組織都有如聯合國科教文組織等國際機構的支持，這些國際單位都有協助解決用水衝突的特別方案。

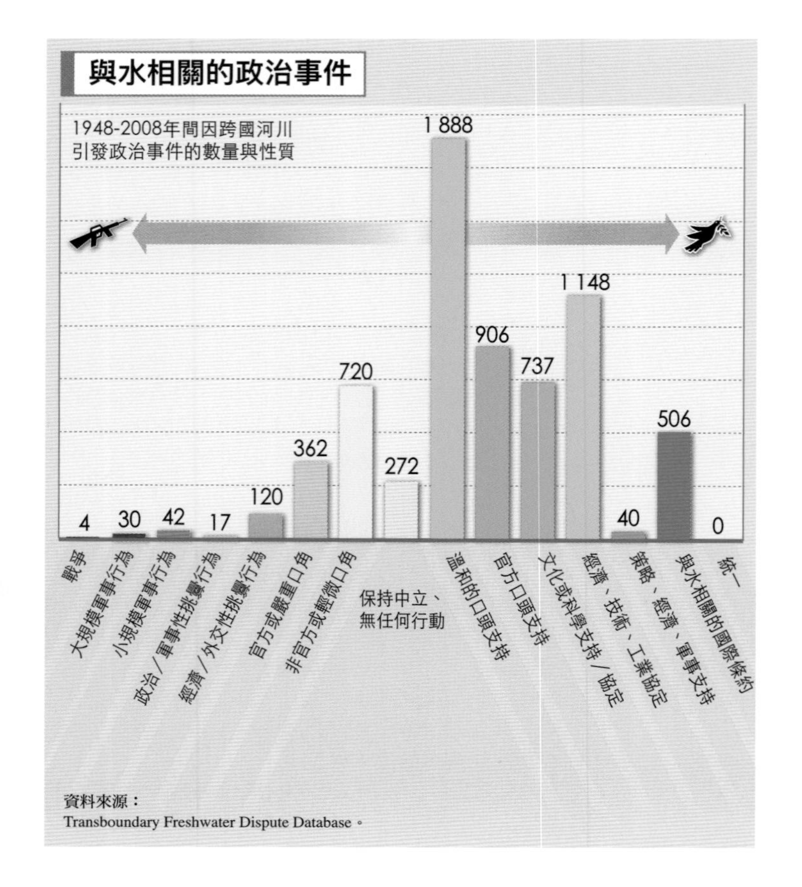
與水相關的政治事件
1948-2008年間因跨國河川
引發政治事件的數量與性質
4
30
42
17
120
362
720
272
1 888
906
737
1 148
40
506
0
戰爭
大規模軍事行為
小規模軍事行為
政治／軍事性挑釁行為
經濟／外交性挑釁行為
官方或嚴重口角
非官方或輕微口角
保持中立、
無任何行動
溫和的口頭支持
官方口頭支持
文化或科學支持／協定
經濟、技術、工業協定
策略、經濟、軍事支持
與水相關的國際條約
統一
資料來源：
Transboundary Freshwater Dispute Database。

如是說

在水文地緣政治的領域裡，合作遠勝於衝突。水也是可以用來製造和平的：1960年成立的印度河委員會（Indus Water Commission）便從未受到任何巴基斯坦和印度之間的衝突影響。

多瑙河峽谷
150 公里
捷克
烏克蘭
斯洛伐克
德國
Dunaj
摩爾多瓦
布拉提斯拉瓦
提索河
多瑙河
慕尼黑
維也納
迦本茨寇夫
匈牙利
Donau
Donau
布達佩斯
Duna
奧地利
羅馬尼亞
瑞士
盧比安納
札格瑞布
布加勒斯特
斯洛維尼亞
克羅埃西亞
薩瓦河
鐵門峽
貝爾格勒
Dunarea
黑海
波士尼亞-赫塞哥維納
Dunav
塞爾維亞
索非亞
保加利亞
蒙特內哥羅
科索沃
多瑙河的氰化物汙染
提索河
發生地
奧魯爾（Aurul）礦場
2000年1月30日
氰化物外洩
布達佩斯
匈牙利
2月10日
羅馬尼亞
多瑙河
塞爾維亞
2月17日
貝爾格勒
100 公里
汙染程度
（毫克／公升）
18.00 - 19.60
7.80 - 13.50
2.20 - 3.90
0.080 - 1.50
0.029 - 0.035
多瑙河流域的邊界
水力發電設施、水壩
工業中心
公園或保護區
Dunav 多瑙河在其流經國家的不同名稱
資料來源：International Commission for the Protection of the Danube River。

河川流域組織的普及化

長達2,875公里、流域面積廣達80萬平方公里、且流經13個國家的多瑙河，在1815年維也納會議中被宣布為一條國際航運河川。二次大戰之後，多瑙河被共黨國家的鐵幕截斷，東邊和西邊流域的國家都沒有任何協議便施行了水文整治，像是鐵門峽水壩（barrage des Portes de Fer）的建造，以及在匈牙利和斯洛伐克邊境地區的迦本茨寇夫—納吉馬洛斯（Gabcikovo–Nagymaros）河川改道計畫。此一改道計畫對多瑙河最為原始的地區造成重大的生態衝擊，匈牙利在共產集團解體之後便重新審查此計畫。

為了解決衝突並提出全面性的做法以處理多瑙河的問題〔共黨時期遺留下來的汙染或嚴重的工業災害，譬如2000年時發生在提索河（Tisza）的氰化物汙染等〕，13個沿岸國家便在1994年簽訂了保護多瑙河的公約。從1998年起並成立一個常設委員會以向大眾宣導並協調不同的研究計畫。這個常設委員會搭起一個固定的對話平台，以達到最低程度的協調合作。

多瑙河的例子並非唯一個案。1990年代成立了許多國際委員會，例如湄公河委員會（Mekong River Commission，1995）、奧卡凡哥河流域委員會（Okavango River Basin Water Commission，1994），一些過去成立的組織也強化了功能，例如塞內加爾河流域開發組織（Office de mise en valeur du fleuve Sénégal，1972）。

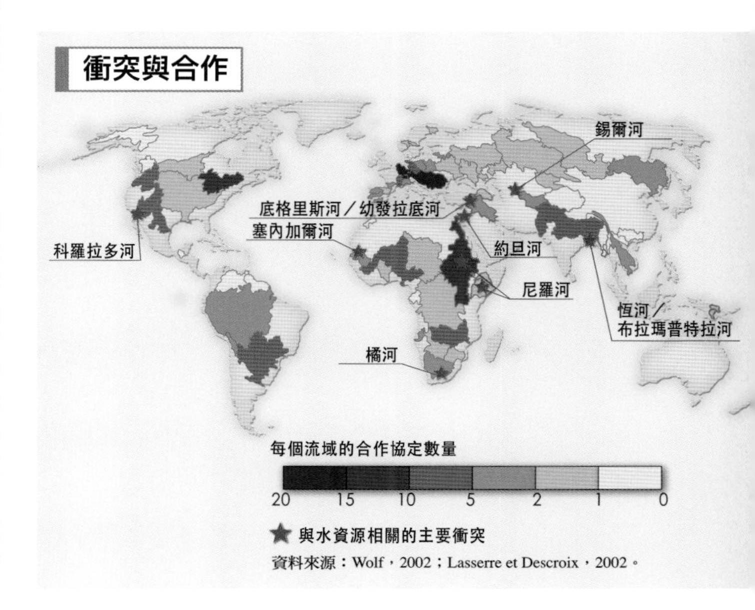
衝突與合作
錫爾河
底格里斯河／幼發拉底河
塞內加爾河
科羅拉多河
約旦河
尼羅河
恆河／布拉瑪普特拉河
橘河
每個流域的合作協定數量
20 15 10 5 2 1 0
與水資源相關的主要衝突
資料來源：Wolf，2002；Lasserre et Descroix，2002。

轉向需求的管理？

1970年代起，水資源的管理原則開始出現重大的改變。巨型水利建設的經營失敗、與之相關的生態危機，以及後進國家諸多市鎮的自來水公司破產等等，都促使水資源管理專家研擬新的政策。聯合國1977年在馬德普拉塔（Mar del Plata）的水資源會議則是一連串會議的開端，現在則發展為幾項大型會議，例如2018年的巴西利亞世界水論壇（Forum mondial de l'eau de Brasilia）。這些會議為水資源「治理」（gouvernance）的全球性模式建立了基礎，並嘗試將之擴展到世界各處。

「全球水資源社群」之概念

把水資源管理的普遍性原則轉化為政治行動的工作，靠的是研究不同水資源政策面向的國際組織。其中有些屬於國際性機構，譬如世界銀行為水利建設計畫提供資金，聯合國科教文組織主持世界水資源發展報告。其他一些組織則具混合性質，例如全球水資源合作網路（GWP），以及特別專注大型水壩問題的世界水壩委員會（World Commission on Dams）。大型私人企業也與這些機構合作，並共同籌備國際論壇。這些不同的機構都促成了「全球水資源社群」的形成，成員包括了科學人員、企業主、民意代表、工程師與聯合國，他們共同發揚「新水資源文化」的原則。

其他一些訴求不同，但運作也具全球範圍的組織〔國際河流（International River Network）、國際透明組織（Transparency International）〕同樣關心水的問題，有時也促使大型機構檢討其做法。

特爾騰模型概說

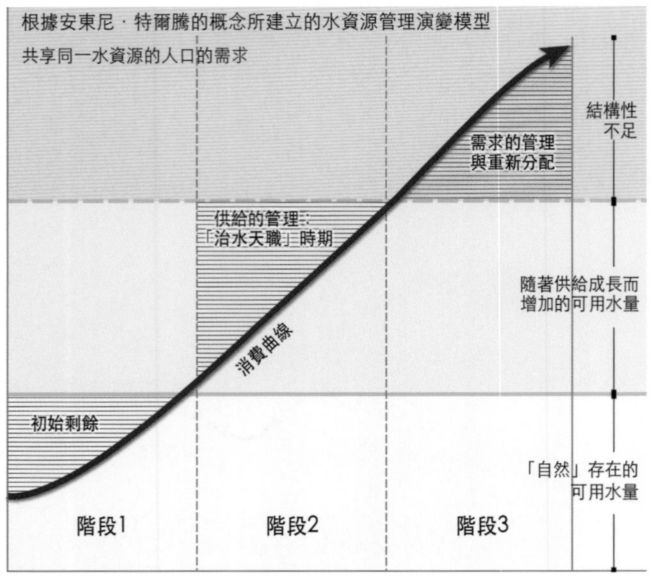

根據安東尼．特爾騰的概念所建立的水資源管理演變模型
共享同一水資源的人口的需求
結構性不足
需求的管理與重新分配
供給的管理：「治水天職」時期
隨著供給成長而增加的可用水量
消費曲線
初始剩餘
「自然」存在的可用水量
階段1
階段2
階段3

資料來源：Turton et Meissner，2002。

主要的世界論壇

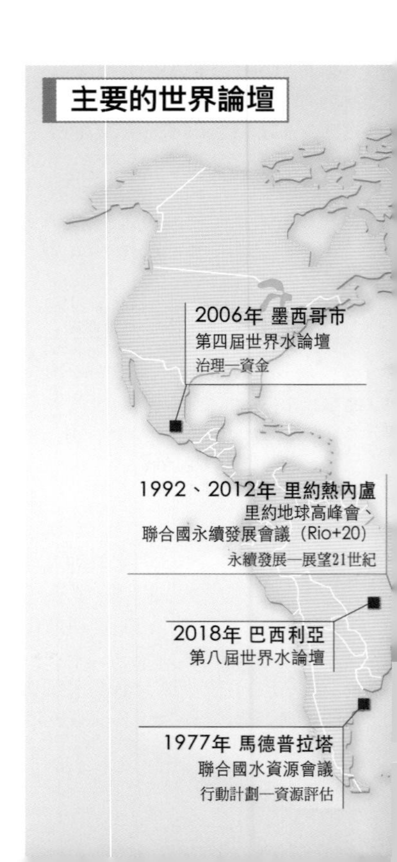

2006年 墨西哥市
第四屆世界水論壇
治理─資金
1992、2012年 里約熱內盧
里約地球高峰會、
聯合國永續發展會議（Rio+20）
永續發展─展望21世紀
2018年 巴西利亞
第八屆世界水論壇
1977年 馬德普拉塔
聯合國水資源會議
行動計劃─資源評估

都柏林原則

在所有與水資源相關的全球性會議中，1992年於都柏林召開的會議具有特別地位。作為里約地球高峰會的先鋒，會中提出了四項基本原則，其中前三項的妥協意味濃厚。第一項原則肯定了水是脆弱的資源，所以應以流域做為整體管理的單位：這便是水資源的整合性管理。第二項原則強調所有相關人士皆應參與，並且創立用水者協會。第三項原則特別強調女性在水資源管理的角色，她們的參與在新政策中是不可或缺的。

第四項原則則引起較廣泛的爭議。它肯定了「水的各種用途經常是互相衝突的，但水是具有經濟價值的，就此而言，水應該被當作一項經濟財」，這違背了宗教傳統（水是上天所賜）也違背了水無論如何是一項公共財的哲學思想。

內國法化：因為內國法化是取得水利計畫金援的條件，所以這幾項原則很快就被納入各國法律之中，且不管是南非或是伊朗，不同文化的國家都採納了都柏林原則。實際上，如同永續發展的概念，為了讓所有國家都能接受，都柏林原則非常的模糊。法國管理水資源的相關行政法規〔水資源計畫與管理大綱（SAGE）、水資源計畫與管理準則（SDAGE）[11]和2006年的水資源法）都深受都柏林原則的影響，2000年時歐盟通過的框架性指令也是一樣。此一指令預計在2015年時要讓全歐洲達到「良好水資源生態」的目標，在制定精確的目標和嚴格的時間表之餘，也要求各國以專業管理知識做為協助政策制定的指標。

由供給管理轉向需求管理

南非水資源管理專家安東尼．特爾騰（Anthony Turton）以約翰尼斯堡和以色列的特殊個案所發展出來的模型，顯示了可用資源和管理政策這兩面向的演變。最初，水資源與需求相比是豐沛無虞、可輕而易舉地取得，然後直到可「自然」取得的水資源變得不夠為止。

於是我們便進入一個新的時期，那就是國家介入、無所不能的工程師和巨型工程神話的時期。通常由國家管理、龐大且造價不貲的工程一一成真，水從此聽命於人。拜大型水壩工程之賜，這種供給面的管理足以滿足成長迅速的用水需求。此一時期的告終，有時乃是因為政策轉向，但多是逼不得已，往往是因為發生浩大的生態危機。於是我們進入了從需求出發的管理階段，一個設法重新分配現有資源的階段。分配的過程只能在水資源管理機制透明、且所有相關民眾都參與的前提之下方可實踐。

1992年 都柏林
水資源會議
水，維生不可或缺之物—
合作管理—女性的角色—水作為經濟商品
1972年 斯德哥爾摩
聯合國人類環境會議
1995年 哥本哈根
社會發展世界高峰會
2009年 伊斯坦堡
第五屆世界水論壇
2015年 大邱慶北
第七屆世界水論壇
2003年 京都
第三屆世界水論壇
治理—資金
1990年 新德里
安全用水和衛生問題全球協商會議
「每個人都擁有一些勝於少數人坐擁多數」
97年 馬拉喀什
1994年 開羅
聯合國人口與發展會議
2年 約翰尼斯堡
2000年 海牙
第二屆世界水論壇
水，人人切膚
1994年 諾德維克
水資源會議
自來水與衛生設施
2001年 波昂
國際淡水會議
治理—資金—知識
1998年 巴黎
水資源與永續發展會議
強化認知
2012 馬賽
第六屆世界水論壇
提出解決之道
1996年 羅馬
世界糧食高峰會

[11] 譯者注：
SAGE原文全名是Schéma d'aménagement et de gestion de l'eau，SDAGE則是Schémas directeurs d'aménagement et de gestion des eaux，兩者性質相仿，但前者的管理範圍比較限於地方性質。

[12] 編按：
本書法文版第三版推出時，2015年的第七屆世界水論壇已舉行完畢，2018年3月的第八屆世界水論壇則於巴西舉辦。

如是說

2012年馬賽世界水論壇共有三萬名與會者，其中包括透過「另類水論壇」以提出其他建議的參與者。下一次與此規模相等的盛會，預定於2015年南韓的大邱（Daegu）召開[12]。

藍色革命

就全球而言，農業是最主要的耗水來源，因此人們付出最多努力來改善灌溉區的報酬率並解決農業的生態問題是很正常的。這三十多年來，人們已取得具體的成果，且持續加速進步中：不斷有更便宜的新技術獲得廣泛的利用，這可說是一項真正的「藍色革命」。但是，這也讓加入此革命的國家的農業結構發生深層改變，在這些仍以農業為主的地區，社會與經濟的平衡因此受到動搖。

「讓每一滴水生產更多的穀物」：新興科技的發展

新科技的引進有兩大目的：讓同樣的水量創造更高的產量（「讓每一滴水生產更多的穀物」，more crop per drop），以及解決因為灌溉所產生的環境問題。傳統上把水灌滿田地、靠重力讓水往低處流的方法，會讓很大一部份的水因為蒸發或是滲漏而流失。有兩類型的技術可以減少這類損失：第一種是噴灑式，以人工模仿降雨；第二種則是微型灌溉，就是用塑膠管把水引到植物的根部。這些技術改良都有配套措施（在水進入田地前，以水泥修建引水道，因為水泥可避免水因為滲漏而流失；水流進田地之後，則加強排水系統以免土地鹽化）。這些改良技術都足以快速增加生產效能。

從綠色革命到藍色革命

印度因其「綠色革命」促進農業產量快速成長而盛譽滿貫。改革成功的主因之一就是灌溉技術的發展。產量高的品種，只有在施以適當的水量時，才能夠充分發揮特性。但是，此一發展也製造了浪費（45%的灌溉水因為滲漏到地底而流失）、地下水過度開發以及其他嚴重的生態問題，例如有時維修不善的排水系統會使土地鹽化或是水含量過高。如果再加上農藥累積和產量無法再提高等兩個現象，可知綠色革命已走到末路。自1990年代起，「雙重綠色革命」（具經濟效益，也符合社會公平和永續生態）的呼聲越來越激昂，此一趨勢也許會帶動水資源的「藍色革命」。為此，印度應用了所有當代技術，並重建地方管理系統和傳統水塔（tank）（主要在南部）。

現代化灌溉是如何運作的？

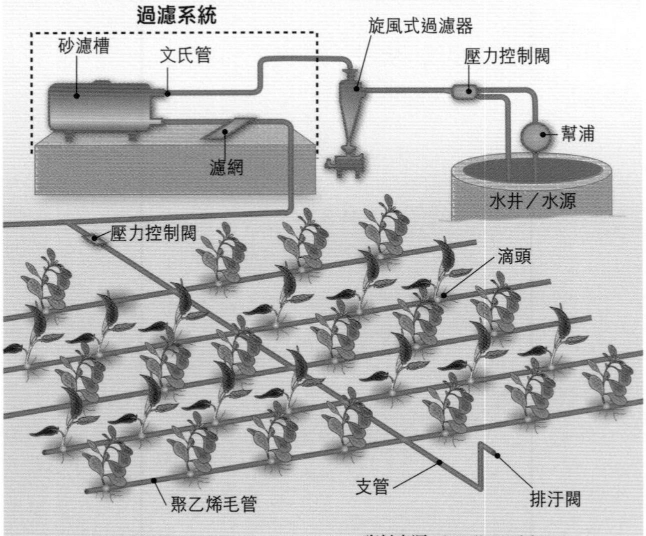

過濾系統
砂濾槽
文氏管
濾網
旋風式過濾器
壓力控制閥
幫浦
水井／水源
壓力控制閥
滴頭
支管
排汙閥
聚乙烯毛管

資料來源：http://www.jains.com

如是說

「科學家、地方政府、非政府組織、私人企業與國際性機構聯手以完成我們迫切需要的『藍色革命』」。

聯合國秘書長科菲．安南（Kofi Annan），2003年世界水資源日。

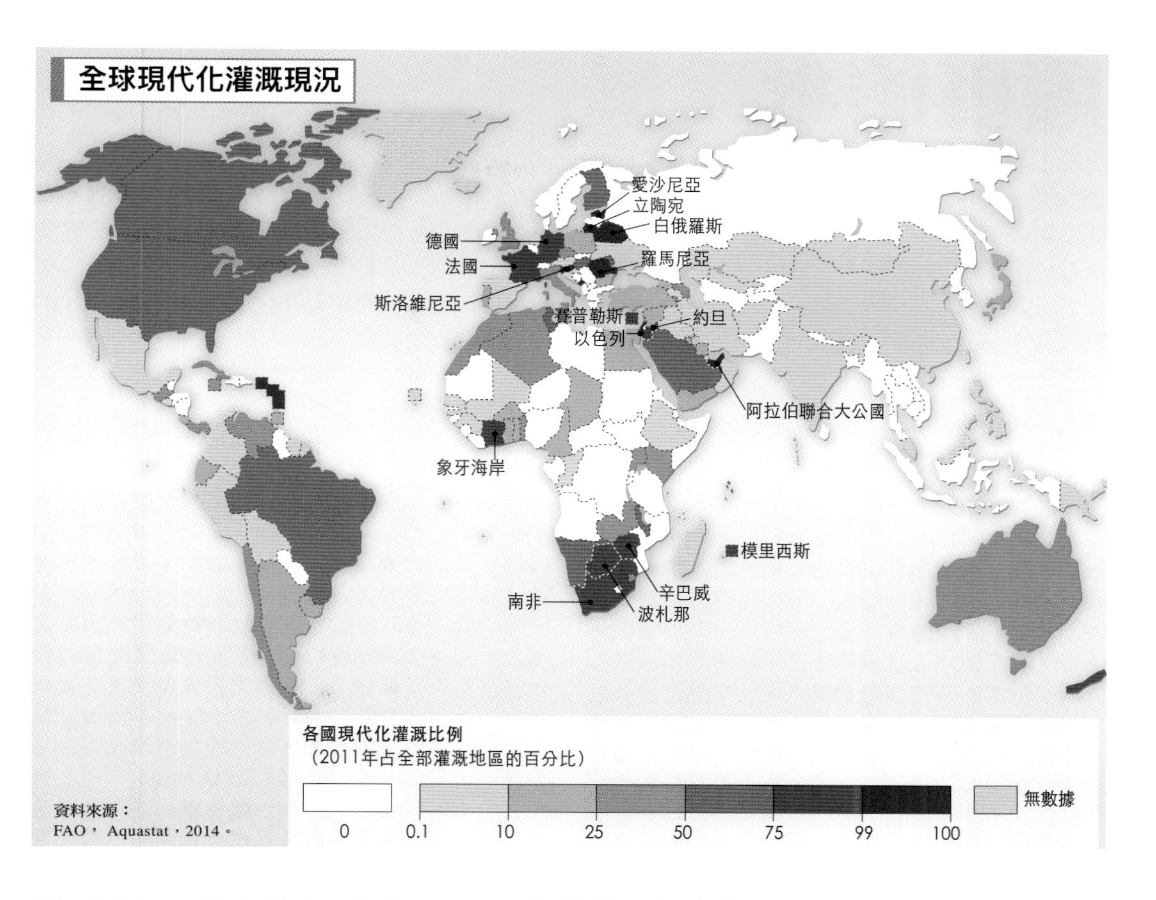
全球現代化灌溉現況
愛沙尼亞
立陶宛
白俄羅斯
德國
法國
羅馬尼亞
斯洛維尼亞
賽普勒斯
約旦
以色列
阿拉伯聯合大公國
象牙海岸
模里西斯
辛巴威
南非
波札那
各國現代化灌溉比例
（2011年占全部灌溉地區的百分比）
0
0.1
10
25
50
75
99
100
無數據
資料來源：
FAO，Aquastat，2014。

「讓每一滴水賺到更多錢」：一項價格高昂的改變

引進新的灌溉系統，即使有補貼，仍會導致生產成本的增加。為了回收此自願性投資（有時水費隨之提高），農人必須引進新的作物。因此，小麥或是其他穀類就被柑橘類水果或是其他原本在灌溉區內不多見、但是附加價值高的作物代替：於是南非引進了鮮食葡萄、美國山核桃（noix de pécan），摩洛哥則引進了香蕉……這都是為了以相同的水量來賺取更高的收入。這種改變往往隨後製造了極大的社會不平等，有些農人可適應新的做法，有些則不得不採用過去的旱作方式，或是遷居到城市裡去。

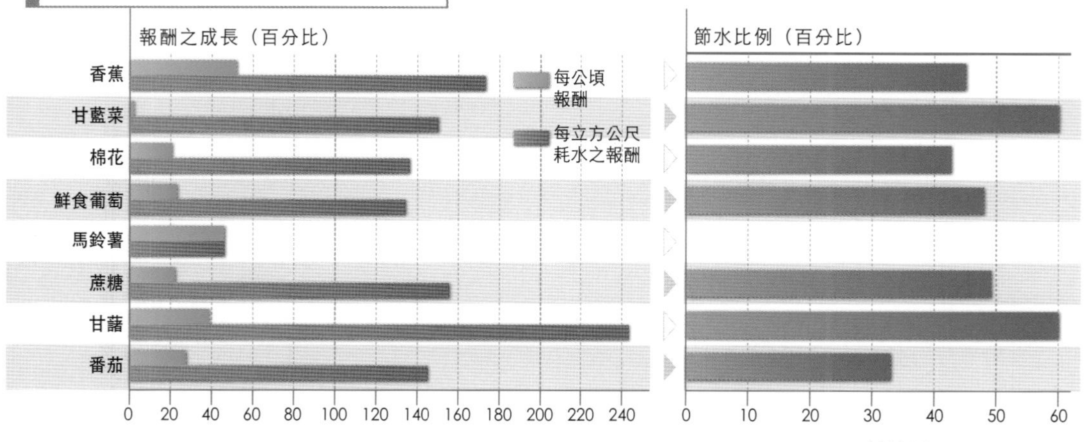
報酬之提升與節水效果之對應
報酬之成長（百分比）
節水比例（百分比）
香蕉
甘藍菜
棉花
鮮食葡萄
馬鈴薯
蔗糖
甘藷
番茄
每公頃報酬
每立方公尺耗水之報酬
0
20
40
60
80
100
120
140
160
180
200
220
240
0
10
20
30
40
50
60
資料來源：Postel et al.，2001。

虛擬的水

若說水是具有經濟價值的，那麼水應該也是全球交易市場的一員。但是在技術上，一個「實體」的全球水交易市場很難實現，而且將會遇到相當強大的文化阻力。不過，因為一般消費商品都含有水，故每天都有大量的水以「虛擬」的形式在市場上買賣。虛擬水的交換常常被視為水資源匱乏的國家用以解決問題的方法。但是，單純用經濟觀點來看待水的問題有其侷限，尤其是就國家主權和糧食安全的角度而言。

什麼是「虛擬水」？

虛擬水（virtual water）的概念是1993年約翰．安東尼．艾倫（John Anthony Allan）所提出的。他改變了研究水資源問題的切入點。農產品或是工業產品的生產都會消耗水，例如每公斤的馬鈴薯需消耗250公升的水，每公斤的牛肉則消耗超過15,000公升的水。在農作生產地的流域裡，這些「真正的水」有一部份形同流失，不能再作其他用途，不過，卻又在其它地區被消費了。虛擬的和真實的水之間的區分，是觀點的問題，也是分析層次的問題：所謂的「虛擬水」是指水在一個地方被用來生產外銷商品，然後「無形中」在另外一個地方被消費了。這種虛擬水的交易量是很龐大的：經濟合作暨發展組織（OECD）成員國的平均用水量是每人每天120公升，但根據估計，若要滿足每天的飲食需要，則需消耗2,000公升（非洲）到5,000公升（歐洲）的水。

以全世界的角度來看，雖然國家之間很少交易真正的水，虛擬水的交易量卻很龐大：每年將近1,300立方公里，而且正在快速成長中。正因為虛擬水主要與農產品有關，外銷虛擬水的主要國家也都是全球「穀倉」：美國、加拿大、澳洲和法國。相反的，主要的進口國則是近東、中東國家及中國，都是一些農產品不足的國家。埃及以小麥進口的方式從美國和澳洲「虛擬進口」3.5立方公里的水，至於泰國則以稻米出口而「虛擬外銷」了水。虛擬水的概念在應用時必須謹慎，但它可以用來解釋缺水的國家如何藉著農產品進口而「虛擬」引進水資源，以補充其不足。

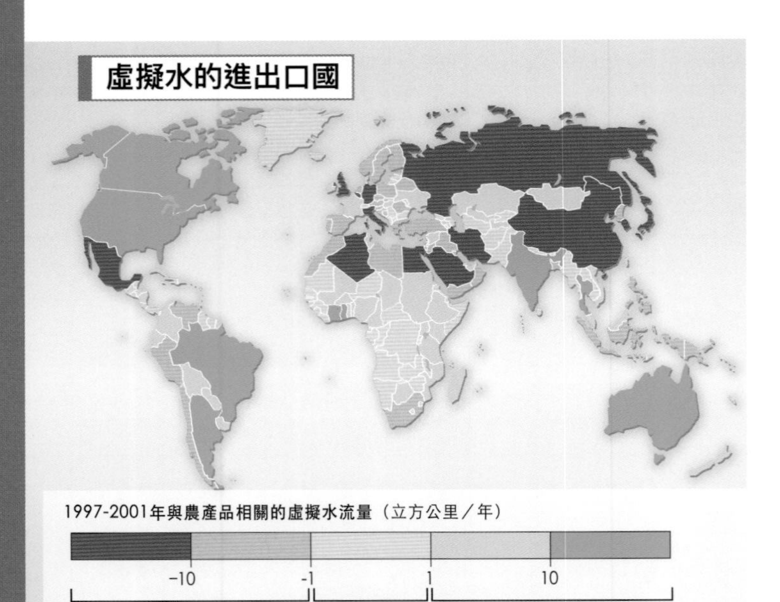
虛擬水的進出口國
1997-2001年與農產品相關的虛擬水流量（立方公里／年）
-10
-1
1
10
不足：進口國
交易量極低
剩餘：出口國
資料來源：La documentation photographique，n°8078。

從水到金錢

在計算虛擬水的報酬率時，主要因素不是每公升水可生產多少公斤的作物，也不是作物的營養價值，而是全球市場的價格。這牽涉的是如何利用相對優勢來取得最好的收益（「讓每一滴水賺到更多錢」，more cash per drop）：缺水國家通常日照量偏高，跟北方國家等競爭對手比較之下，人力成本也很低。理論上，若以柑橘類水果取代小麥，每一立方公尺水可讓一個缺水國家的農人多賺將近一塊美金。

在某些國家，水的地方市場已是事實：這可讓那些擁有資本的人去投入擁有極大報酬率的投機性作物，或去跟沒有財力的農人約定收購，因此讓當地國家的水「整體而言」得到更高的效益。

產品	所含水量（立方公尺／噸）	2007年全球市場的平均價格（美元／噸）	所含水分的價值（美元／立方公尺）
小麥	1 100	150	0.14
稻米	2 100	270	0.13
檸檬	800	900	1.12
鮮食葡萄	1 200	750	0.62

農產品所含水分的價值

資料來源：FAO，2008。

如是說

「正是因為虛擬水的交易，所以一些經濟富強但實際缺水的國家直到現在還沒有被藍色黃金[13]的戰爭所擊倒。」

——約翰．安東尼．艾倫（John Anthony Allan），《研究》（*La Recherche*），2008年。

[13] 譯者注：藍色黃金指的是水。

純經濟觀點的侷限

把虛擬水納入考量，曾被當作是解決缺水問題的方法，尤其是針對亞洲西部和非洲北部的國家。就理論來說，這些水資源匱乏的國家，應該是輸出含水量低但是價值高的作物，然後進口價格低但含水量高的農產品。在地中海的南北兩岸，理想的交換就是北岸出口穀物、南岸出口柑橘。如果真是如此，那就會有如同第二條尼羅河般的水量流向北非和西亞。理論上，這種觀點可以提高水的價值，並且因為不去建蓋昂貴的水利設施，還能保護環境。

然而在這些區域，虛擬水卻不是解決問題的妙方。實際上，農作物市場並不是一個完美的市場：其中存在著關稅壁壘和非關稅障礙（品管規範），讓貧窮國家無法外銷其作物。更何況全球價格是波動的：若是穀物價格快速攀升，像是2006到2008年的情況，就會讓作物替代的做法變得無利可圖。最後，放棄穀類耕作會危害國家自主權和糧食安全。當穀物全球性普遍不足時，很自然地，生產國首先會以調高外銷作物稅率的方式來保障國內需求。這時，選擇虛擬水政策的國家就會陷入困境，並可能「缺糧暴動」。這些例子都說明以純經濟觀點來看待水的不足：就維生所需、不可取代的特徵來看，水的價值遠超過其貨幣價值。

泰國與埃及虛擬水的進出口流向

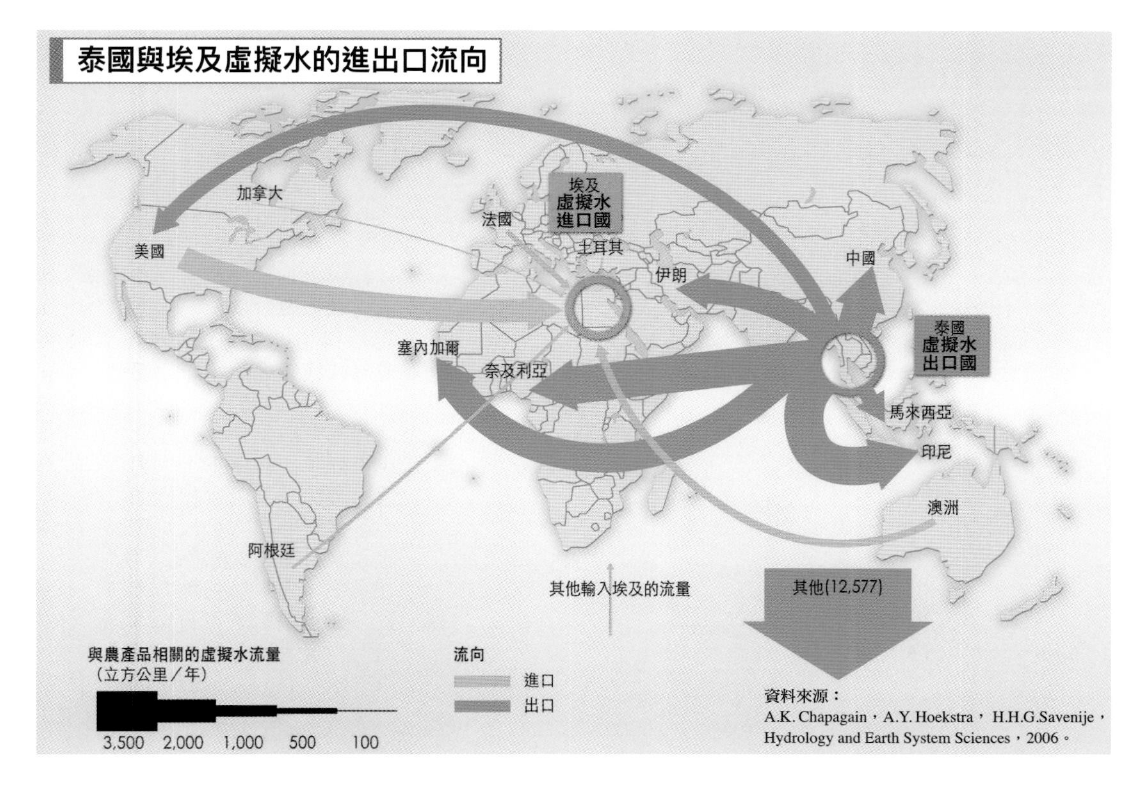
加拿大
美國
法國
埃及
虛擬水
進口國
土耳其
伊朗
中國
泰國
虛擬水
出口國
塞內加爾
奈及利亞
馬來西亞
印尼
澳洲
阿根廷
其他輸入埃及的流量
其他(12,577)
與農產品相關的虛擬水流量
（立方公里／年）
3,500 2,000 1,000 500 100
流向
進口
出口

資料來源：
A.K. Chapagain，A.Y. Hoekstra，H.H.G.Savenije，Hydrology and Earth System Sciences，2006。

都市用水管理的革新

在已發展和新興國家中，科技的進步加上對消費者的宣導，似乎使都會地區的「水足跡」縮減了，而且無論自地下水層或河川所抽出的水量抑或是廢水排放量都減少了。在貧窮國家，要解決水的問題不能只靠技術革新，最重要的是與當地民眾緊密合作，開創新的管理方法。

未來的解決之道：廢水再利用

就技術而言，從最先進的汙水處理廠排出的水，是可以作為家庭用途的：因此一整座城市的用水是可採內部循環的方式來運作。但以筆者所知，這種做法尚未實行。不過，處理後的廢水的確越來越常被利用，而且不像傳統上只用來灌溉而已。

在柏林，廢水流經河川後，就滲漏到地下水層中，而那正是柏林的自來水水源。巴塞隆納打算發展廢水回收的技術，以彌補現有水資源的不足，並避免採用其他像是海水淡化或是從遠處載水來等昂貴的方式，而且對生態環境的衝擊也小得多。在中國或是歐洲等地新成立的「生態社區」（écoquartier），這類廢水回收設備是相當普遍的，並且結合雨水的回收。在社區建築物的內部，「灰色的水」（從盥洗台、淋浴間和浴缸流出的水）與雨水混合之後就可以重新拿來使用。就國家層次而言，回收廢水對於一些缺水的國家來說不啻為解決之道：以色列重新使用80%的廢水，等同滿足了25%的需求量；西班牙和澳洲都推行了大型計畫，期望能夠回收50%的廢水。

如是說

歐洲國家的都市用水量可能會降到每年每人60立方公尺。在同一時間內，非洲大城的用水，例如奈洛比，可能會從消耗量極低的現況成長一倍。

生態社區的水資源系統

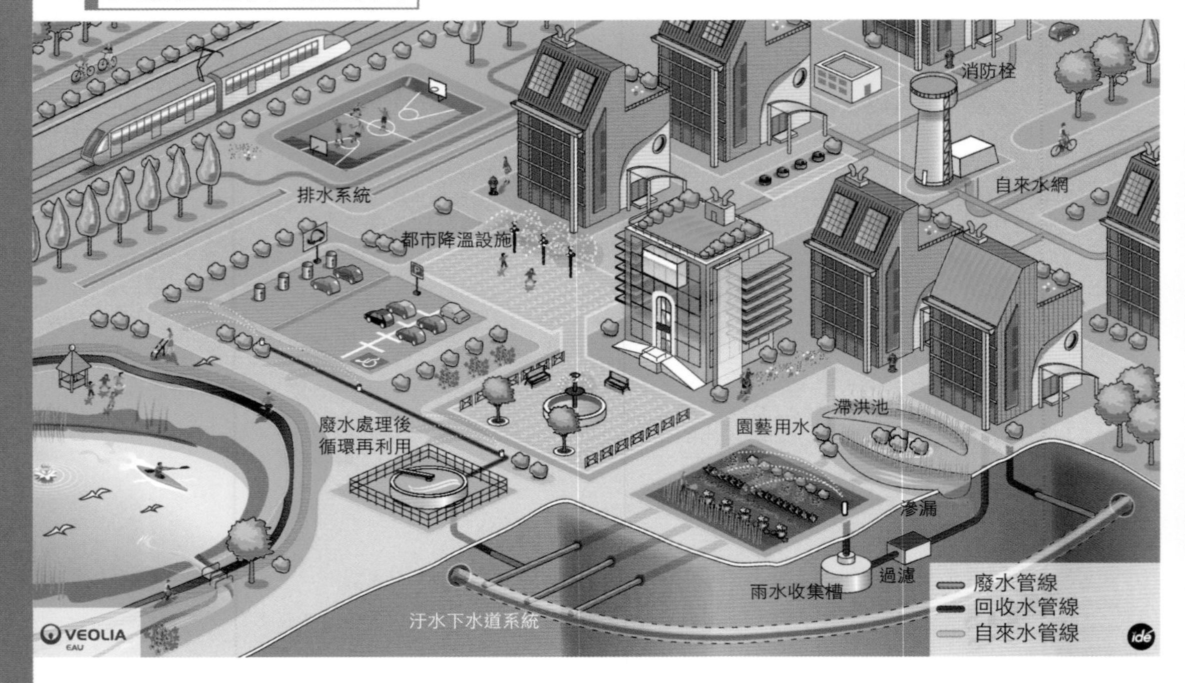

消防栓
排水系統
自來水網
都市降溫設施
廢水處理後
循環再利用
滯洪池
園藝用水
滲漏
過濾
雨水收集槽
汙水下水道系統
廢水管線
回收水管線
自來水管線
VEOLIA
EAU
idé

降低用水量

跟我們一般的成見相反的是，城市居民的個人用水量趨向穩定，在北半球大部份的工業國家裡，甚至呈現下降趨勢。巴塞隆納在十年之內降低了10%的用量，洛杉磯和柏林則降了15%，布達佩斯從1990到2010年降低了50%。此一變化來自於技術的進步和消費者教育的成功。這種快速的「負成長」如果繼續攀升的話，將會危及公營和民營水公司的財政穩定性（其收入來自自來水消費），更何況他們還引進新穎又昂貴的技術以改善水質淨化和汙水處理系統，譬如利用過濾膜或紫外線來殺菌。

南半球城市的進步

對南半球的城市而言，問題癥結不只是技術層面，其實主要是財政與政治社會面。非政府組織的角色越來越重要，加上不同水資源管理單位之間的合作捨棄了中央統一的主導方式，這些都有助為地方問題找出解決之道。然而，為了避免重蹈過去在十年水利大建設時期（1980–1990年）密集投資的錯誤，相關單位必須把南半球城市的特性列入考慮。

南半球城市的首要解決之道就是鼓勵當地居民參與，讓他們從「使用者—顧客」的角色轉換到「使用者—夥伴」。這可以有各種不同的做法，從簡單的資訊交換討論會到管理系統的澈底改變，也可以讓居民一起加入供水網路的計劃和服務的管理。這些經驗都對西方那種水資源集中管理的服務模式，以及統一的供水網路模式提出挑戰。

南半球國家因此產生大量的小型民營水力公司，他們用水井或是供應站的方式供水給一塊街區，有時則建蓋起在地的小型供應網路，著實是另一種真正的配水管道。要讓南半球城市的居民人人有水，可能就要透過這種「彈性作風」，而其風險則是都市空間將因此變得破碎。

德國與巴黎的用水量趨勢比較

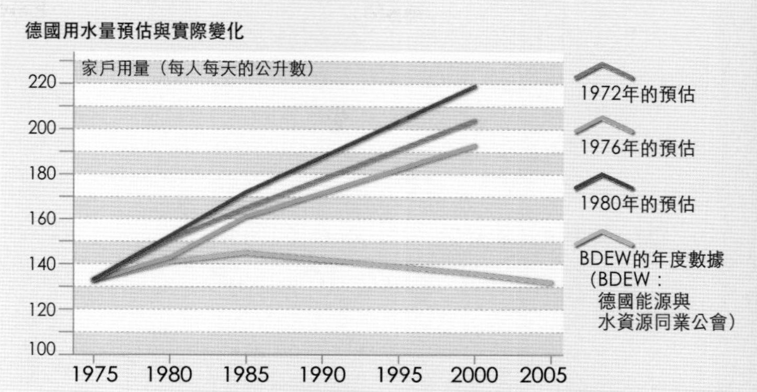
德國用水量預估與實際變化
家戶用量（每人每天的公升數）
220
200
180
160
140
120
100
1975
1980
1985
1990
1995
2000
2005
1972年的預估
1976年的預估
1980年的預估
BDEW的年度數據
（BDEW：
德國能源與
水資源同業公會）

資料來源：Bundesverband der Energie und Wasserwirtschaft，2008。

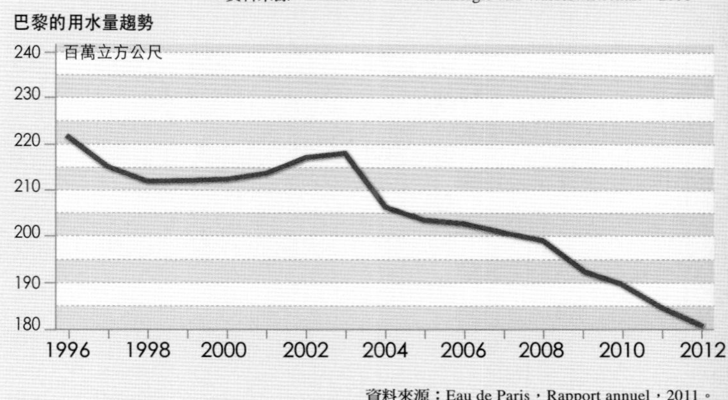
巴黎的用水量趨勢
百萬立方公尺
240
230
220
210
200
190
180
1996
1998
2000
2002
2004
2006
2008
2010
2012

資料來源：Eau de Paris，Rapport annuel，2011。

家庭用水

四口家庭每年用水量

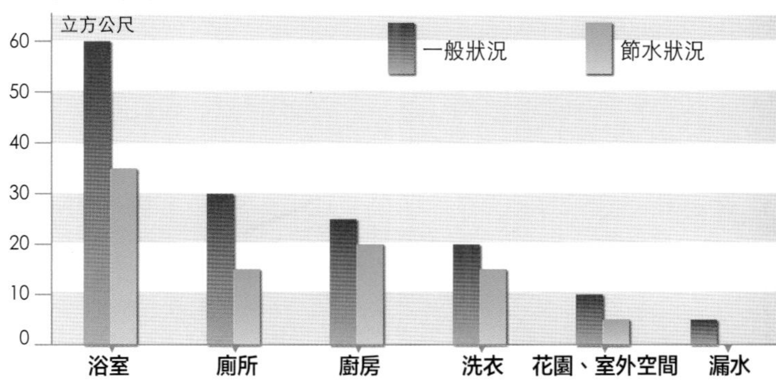
立方公尺
60
50
40
30
20
10
0
一般狀況
節水狀況
浴室
廁所
廚房
洗衣
花園、室外空間
漏水

資料來源：www.eau-poitou-charentes.org

2030年將會是什麼樣子？

未來兩個主要的挑戰，一是提高灌溉農業的產量，以供應在2050年時可能達到90億的全球人口，另一則是面對後進國家都會地區需求的成長，同時滿足居民提高生活水準的期待。要回應這些挑戰，必須考量可用的水量及其品質，並做到公平的分配。

水：每個人都有的權利？

水是商品、公共財、集體財產、基本需求：許多理論都嘗試定義水的地位。實際上，雖然我們可以估算出供應自來水和汙水處理的費用，或是將濕地的環境服務價值加以量化，水還負有難以估算的、世代繼承的象徵價值。

把水當作是維生之物的看法，促使許多國家的憲法（如南非、衣索比亞和厄瓜多）明文保障用水的權利，認為水是全民共有的財產。但是，權利的聲明與實現之間存在著落差。而且，即使落實了（如南非），當今趨勢是除了把水視為人類維生不可或缺的最低要件之外，更視為一項須盡量提高價值的經濟資源。關於水的地位的論戰，其實尚未結束。

未來的可能情境

好幾個機構都大膽針對2025年的全球趨勢提出預測，大致可分為三個假設。

第一種假設認為未來會依循現有趨勢，因此後進國家的問題會繼續惡化，且某些流域將陷入極為嚴重的困境（尼羅河、尼日河或印度河）。

在另一種假想情境中，無論是灌溉農業或北半球和南半球的大城市，都成功地實施了嶄新的技術。全球用水量和環境壓力將只是略微升高。每個人都享有水的夢想幾乎實現了，且藉著灌溉農業，農產品也足以應付需求。

最後一種假設情境，則是我們實在無法避免「水難」，並且由於投資不足，同時還要面對汙染增加、管理不善導致灌溉農業產量降低等現象。影響將是全面性的，農產市場將從此失序、饑荒叢生、城市騷動不斷。

2030年的景象將是如何，目前還很難在這些排演中做出判斷，但是主要的走向很可能會因為國家而有不同。先進國家通常都制定了除去汙染的龐大計畫，他們主要的難題將是如何處理代價高昂、蔓延四處的農業汙染和已延續數個世代的工業汙染。新興國家將運用科技，以解決缺水問題、讓人人有水、並提高農業生產量，但代價很可能是水的品質惡化。最後，在那些最貧窮的國家，由於處理問題的能力還是很有限，當今的問題恐怕仍無法獲得解決，或者繼續惡化，因為資源所面對的壓力是與人口成長成正比的。

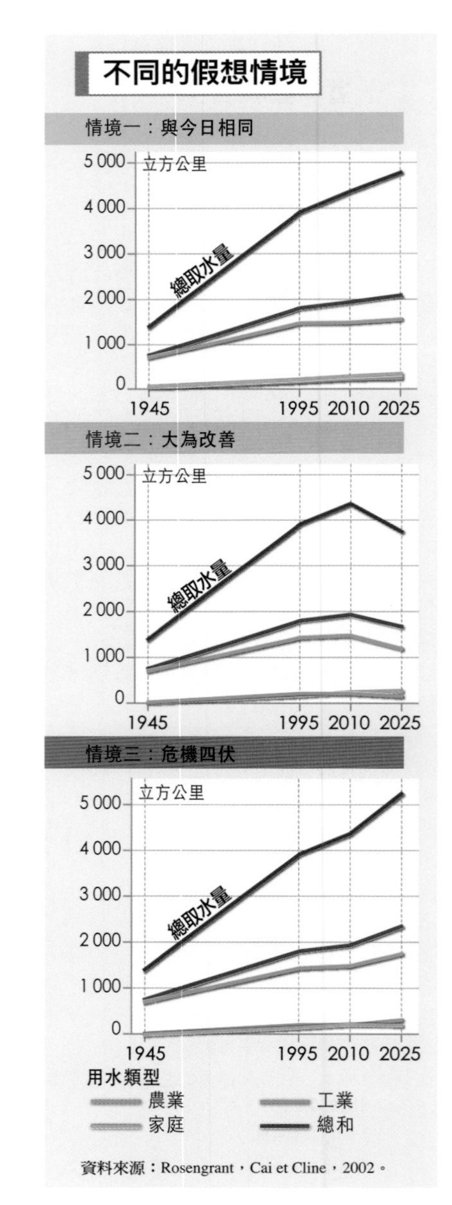
不同的假想情境
情境一：與今日相同
立方公里
5 000
4 000
3 000
2 000
1 000
0
總取水量
1945
1995
2010
2025
情境二：大為改善
立方公里
5 000
4 000
3 000
2 000
1 000
0
總取水量
1945
1995
2010
2025
情境三：危機四伏
立方公里
5 000
4 000
3 000
2 000
1 000
0
總取水量
1945
1995
2010
2025
用水類型
農業
工業
家庭
總和

資料來源：Rosengrant，Cai et Cline，2002。

氣候暖化的問題

關於氣候暖化對水循環的影響，我們已有一定程度的了解，但是水蒸氣的循環模型至今還是很片斷的。政府間氣候變化專門委員會（法文簡稱GIEC，英文簡稱IPCC）的第五份報告指出，全球的水循環很可能會「加速」，在已是多雨的地區，雨量將會更大，半乾燥地區將有明顯的反差：沙赫爾地區的國家可能會有更高的雨量，而地中海地區的乾旱期則更漫長。另一方面，各模型使用的網格（maille）尺度並不一，而且網格還不夠小，再者，水資源管理的實際情況也是因地而異的，取決於河川流域的地形地勢、地下水層或是湖泊的分布、使用型態等。

雖然以現有知識而言，氣候暖化的後果還很難預測，我們已學到的教訓是，對此一問題的關注有時讓我們忽略了實際存在的問題，且研究已明確指出這些問題會影響地球的水循環，例如：土壤侵蝕、諸多脆弱生態系統的消失和地下水層的汙染。

千禧年發展目標

目標：改善用水條件*

*讓沒有飲用水的人口減少一半

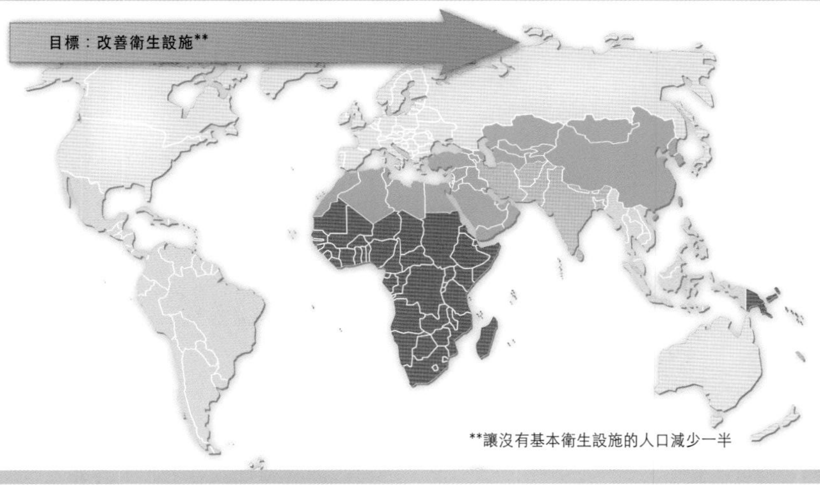
目標：改善衛生設施**

**讓沒有基本衛生設施的人口減少一半

相對於預定目標，每個地區的進度（2015年底）

- 達到目標
- 進度令人滿意
- 進步顯著
- 進步有限或惡化
- 與之無關的國家

資料來源：ONU，2016。

千禧年願景：成績為何？

2000 年時提出的千禧年願景是很簡單的：與 1990 年相比，在 2015 年時要讓全世界沒有最低自來水供給、也沒有基本衛生設施的人口減少一半。

根據世界衛生組織和聯合國兒童基金會最新的報告，自來水普及的目標已達到 90% 的成績。不過好幾個國家均有落後的趨勢：除了從塞內加爾到衣索比亞、位於撒哈拉沙漠南方一帶水資源匱乏的國家以外，還有剛果河流域的國家、孟加拉和菲律賓，雖然這幾個國家雨量相當充沛。

這證明了水的危機比較是動用資源的能力高低以及水貧窮指數的問題，而比較不是因為自然資源的多寡。衛生設施的問題又更加複雜，相關目標很可能達不到：只有東亞和中美洲已完成此一目標。

如是說

「直到砍了最後一棵樹，汙染了最後一條河川，釣上了最後一條魚，那時候他們才明白錢是不能吃的。」

——新創格言

小結

科技的進步乃希望的曙光

科技的進步使得廢水處理改善了，也使得從海水淡化而來的飲用水的能源成本（及價格）明顯地降低。同樣的，在灌溉農業上，滴灌系統的方法縮減了必要的灌溉水量。

嚴重缺乏政治決心

然而，使得與水有關的問題無法解決的主要障礙，並不是技術層面的問題，最主要是因為無法回應現實的管理方式，再加上既有的區域不平等現象。若說將近十億人口沒有最低需求量的飲用水，這不是因為缺水或是技術困難的關係，而是因為嚴重缺乏政治決心。不論是地方層次（鄉鎮市）或是全球層面，即使有各種原則性宣言，水很少被視為優先問題。

當我們想到人們因為這種忽視而付出的生命代價時，很難理解竟然要等上超過60年，聯合國大會才宣布「擁有衛生乾淨的自來水是一項基本人權，是充分享受生命權不可或缺的一項人權」。而且，竟然還有41個成員國棄權……

總結

聯合國大會宣布2013年是「水資源國際合作年」，並在決議中強調「水是永續發展、保持環境完整、根絕貧窮與飢餓的要素，為人類追求健康、幸福所不可或缺，在千禧年發展目標的實現上扮演著關鍵性角色。」
不管未來的演變為何，要找到水資源問題的解決之道，只能透過實行具革新意義的政策，並建立在以下三項原則之上：多元角度、漸進式做法、人類互助。

多元角度

考量現實的多元性是必要的，包括天然資源本身——現有水源的量與質——也包括歷史和社會空間的特性。未來不會有舉世皆然、以已開發國家的經驗為標準的單一模式。我們必須因應城市居民真正的需求而調整服務，規劃不同層次的服務方式，從小型取水站到完整的供應系統（鋪設到家中的自來水管線和汙水處理系統）都可列入參考，同時，讓管理模式隨著都市空間的分布型態及體制的歷史來做調整，以建立有效的管理制度。至於管理模式的發展方向也是一樣的：公共服務委由民營的做法，在拉丁美洲國家、譬如玻利維亞遇到極大的抵制，然而在其他地方卻是可以被接受的。再者，堅持全世界只有單一做法不免自我矛盾，即使是在歐洲，情況也是相當紛雜不一的，例如荷蘭的自來水服務是百分之百公營，英國是百分之百民營化，法國則在這兩者之間。

漸進式做法

如同所有的基礎建設，新的管理模式應該是漸進引入的。聯合國推行的「國際飲水供應和衛生十年計畫」（1980–1990年）可說是慘敗的，這足以說明，以「整廠輸出」的方式建造類似於已發展國家的供水系統並非長久之道。相反的，漸進地提升供水網絡，有助於穩定地改善服務品質。所以要達到人人有水可用的目標，「水資源治理轉型」應該採取階段性策略，從小型取水站和小範圍網絡開始，再把這些小型建設與主要的供水系統連結起來，而且每一階段都須讓使用者參與。

人類互助

最後，要解決「水難」的問題，不能不倚賴合作互助的方式。這當然牽涉到國際合作，因為資金需求之龐大是可想而知的。但此處更想談的是許多國家仍十分常見的互助方式。在擁有伊斯蘭傳統的國家，如同在諸多拉丁美洲和亞洲的社會，人們很難想像如何能夠不分一些水給那些沒有水的人。這種傳統的互助型態可以納入現有的收費系統之中。今天，將近60個國家都針對弱勢族群的水費問題採取了這類協助措施，型態則相當多元，有的提供免費的最低水量，或是讓無法付費的家庭直接享有金錢補助。
總之，結合互助、漸進且多元的精神，才能找到長久之計。

附錄 參考文獻

Académie des Sciences, *Les Eaux continentales*, Paris, EDP, 2006.

Alatout S., « Water Balances in Palestine : Numbers and Political Culture in the Middle East », *in* Brooks D. B. et Mehmet O. (dir.), *Water Balances in the Eastern Mediterranean*, Ottawa, International Development Research Center, 2000.*

Allan J. A., « Le commerce de l'eau virtuelle », *La Recherche*, juillet-août 2008, n° 421, p. 74.

Aquafed, International Federation of Private Water Operators.*

Asian Development Bank, *Second Water Utilities Data Book Asian and Pacific Region*, octobre 1997, tableaux 11 et 18.

Australian Bureau of Statistics, *Water Account Australia*, 2004.

Barraqué B., « L'eau doit rester une ressource partagée », *La Recherche*, juillet-août 2008, n° 421, p. 78.

Bethemont J., *Les Grands Fleuves*, Paris, Armand Colin, 1999.

Beverage Marketing Corporation, 2005.*

BIPE/FP2E, *Les Services collectifs d'eau et d'assainissement en France*, 3e édition, Paris, janvier 2008.

Bravard J.-P., « Les barrages dans l'histoire : géographie des foyers d'innovation et des influences technologiques », *La Houille blanche*, revue internationale de l'eau, n° 4-5, 2002, p. 130-133.

Brondeau F., « Les désajustements environnementaux dans la région de l'Office du Niger : évaluation et perspectives », *Cybergeo*, revue européenne de géographie, n° 263, 24 mars 2004.

Bundesverband Der Energie Und Wasserwirtschaft, *Wasserfakten im Überblick*, Berlin, 2008.

Cadène P., *Atlas de l'Inde*, Paris, Autrement, 2008.

Cairncross S., Kinnear J., « Elasticity of Water demand for Khartoum », Sudan, *Geojournal*, vol. 33-34, 1992, p. 183-189.

Centre for Ecology and Hydrology, *Natural Environment Research Council*.*

Clarke R., King J., *The Atlas of Water, mapping the most critical resource*, Londres, Earthscan, 2004.

CNES, dossier sur les traces d'El Niño.*

Coordination pour la défense du Marais poitevin.*

Cortès H., Lettres, Nuremberg, 1524, *in* Duverger C., « L'eau dans le monde aztèque », *in* Bernardis M.-A. (dir.), *Le Grand Livre de l'eau*, Paris, Cité des sciences et de l'industrie, 1990.

Cousteau J.-M., Vallette P., *Atlas de l'océan mondial*, Autrement, Paris, 2007.

Department of Water Affairs and Forestry (Afrique du Sud), 2006.*

Department of Water Resources du gouvernement canadien.*

Diercke Weltatlas, Munich, Westermann, 2008.

Diop S., Rekacewicz P., *Atlas mondial de l'eau, une pénurie annoncée*, Paris, Autrement, 2003.

Eau de Paris, *Alimenter Paris en eau*.*

Emergency Events Database.*

Environment Canada.*

European Environmental Agency, *Europe's water : An indicator-based assessment*, EEA, Copenhague, 2003.

FAO, Aquastat, 2012.*

GAP (Southeastern Anatolia Project).*

Hydropower and Dams, *World Atlas & Industry Guide*.*

Iberian Rivers.*

Ifen-SCEES, *Enquête Eau*, 2004.*

Ifen, « Les pesticides dans les eaux. Données 2005 », *Les Dossiers Ifen*, n° 9, déc. 2007.

Initiative du Bassin du Nil.*

International Commission for the Protection of the Danube River.

International Lake Environment Committee.*

IWMI, *Insights from the Comprehensive Assessment of Water Management in Agriculture*, Stockholm World Water Week, 2006.

Jains.*

Johannesburg Water, 2013.*

Knafou R., *Les Alpes, une montagne au cœur de l'Europe*, Paris, La Documentation française, 2004.

Lasserre F., Descroix L., *Eaux et Territoires. Tensions, coopérations et géopolitique de l'eau*, Québec, PUQ, 2002, p. 24.

Margat J., *Atlas de l'eau dans le bassin méditerranéen*, Paris, Unesco, 2004.

Mestrallet G., « Savoir faire », cité dans *The Economist*, 17 juillet 2003.

Molle F. *et al.*, « River basin development and management », *in* Molden D.(dir.), *Water for food, water for life : A Comprehensive Assessment of Water Management in Agriculture*, Londres, Earthscan /Colombo, IWMI, 2007, p. 585-625.

Montginoul M., *La Consommation*

d'eau des ménages en France. État des lieux, Paris, MEDD, Cemagref et ENGEES, 2002.*

Morris B. *et al.*, *Groundwater and its Susceptibility to Degradation: A Global Assessment of the Problem and Options for Management. Early Warning and Assessment Report Series*, RS. 03-3, United Nations Environment Programme, Nairobi, Kenya, 2003.

Mutin G., *De l'eau pour tous ?*, Paris, La Documentation française, 2000.

Mutin G., « Le Tigre et l'Euphrate de la discorde », IEP de Lyon, 2002.*

Mutin G., *L'Eau dans le monde arabe*, Paris, Ellipses, 2000.

OCDE, *Statistiques clés de l'environnement de l'OCDE 2008*, Direction de l'environnement de l'OCDE, Paris, 2008.

OMS, Unicef, Joint Monitoring Programme for Water Supply and Sanitation.*

ONU, *The 2nd UN World Water Development Report. Water, a Shared Responsibility*, 2006, chap. 4.*

*Pinsent Masons Water Year Book 2008-2009.**

PNUD, *Rapport mondial sur le développement humain. Au-delà de la pénurie : pouvoir, pauvreté et crise mondiale de l'eau*, PNUD, 2006.*

Poquet G., Maresca B., « La consommation d'eau baisse dans les grandes villes européennes », Credoc, *Consommation et modes de vie*, n° 192, avril 2006.

Postel S. *et al.*, « Drip Irrigation for Small Farmers: A New Initiative to Alleviate Hunger and Poverty », International Water Resources Association, *Water International*, vol. 26, n° 1, p. 3-13, mars 2001.

Ramsar, Convention de Ramsar sur les zones humides.*

Ravenga C. *et al.*, *Pilot Analysis of Global Ecosystems: Freshwater Systems*, Washington DC, World Resources Institute, 2000.

Rosengrant M., Cai X., Cline S., *World water and food 2025: dealing with scarcity*, Washington DC, International Food Policy Research Institute, 2002.

Roy A., *The Greater Common Good*, Bombay, India Book, 1999.

Salomon J.-N., *Précis de karstologie*, Pessac, Presses universitaires de Bordeaux, 2006.

Sanjuan T., *Atlas de la Chine*, Paris, Autrement, 2007.

Satec Développement International, *Étude de l'évolution des modes d'occupation des sols du marais poitevin et des marais charentais*, Guyancourt, 1991.

Science et vie, n° 1090, juillet 2008.

Shiklomanov I. A., Rodda J. C., *World Water Resources at the Beginning of the 21st Century*, Cambridge, Cambridge University Press, 2003.

State Hydrological Institute (Shi, Russie), Unesco, *in* Shiklomanov I. A. (dir.), *World Water Resources and their Use*, Saint-Pétersbourg, 1999.*

Sullivan C., Meigh J., « Integration of the biophysical and social sciences using an indicator approach: Addressing water problems at different scales », *Water Resource Management*, vol. 21, 2007, p. 111-128.

Sullivan C. *et al.*, « The Water Poverty Index: Development and application at the community scale », *Natural Resources Forum*, vol. 27, n° 3, août 2003, p. 189-199.

Syndicat professionnel des entreprises de services d'eau et d'assainissement, *Aquae*, n° 27, février 2006.

Tabeaud M., *La Climatologie*, Paris, Armand Colin, 1998.

Tapia S., « Le projet Gap en Turquie. Aménagement du territoire, politique intérieure et géopolitique », Actes du Festival international de géographie de Saint-Dié-des-Vosges, 2003.*

Transboundary Freshwater Dispute Database, Oregon State University.*

Turton A., Meissner R., « The Hydro-Social Contract and its Manifestation in Society: A South African Case Study », *in* Turton A. et Henwood R. (dir.), *Hydropolitics in the Developing World: A Southern African Perspective*, Pretoria, African Water Issues Research Unit, 2002.

UNEP, Global Environment Monitoring System (GEMS), *Water quality of world river basins*, Nairobi, UNEP, 1995.

US Bureau of Reclamation, Lower Colorado.*

Vigneau J.-P., *L'Eau atmosphérique et continentale*, Paris, Sedes, 1996.

Water Account Australia, Australian Bureau of Statistics, 2004.

Waterwise, *Hidden Waters*, Waterwise briefing, février 2007.*

Wolf A., « Water: A trigger for Conflict / A reason for cooperation », *in* Lasserre F. et Descroix L., *Eaux et Territoires. Tensions, coopérations et géopolitique de l'eau*, Québec, PUQ, 2002, p. 35.

Wolf A., *Atlas of International Freshwater Agreements*, UNEP, 2002.*

World Resources Institute (WRI), Earth Trends.*

Worldwide Hydrogeological Mapping and Assessment Programme (WHYMAP).*

*可於網路上閱讀

推薦書目及網站

Andréassian V., Margat J., *Rivières et rivaux, les frontières de l'eau*, Versailles, Éd. Quae, 2012.

Barbier R., Roussary A., *Les Territoires de l'eau potable*, Versailles, Éd. Quae, 2016.

Bethemont J., *Les Grands Fleuves*, Paris, Armand Colin, 2002.

Baron C. et al., *Imaginaires de l'eau, imaginaire du monde : 10 regards sur l'eau et sa symbolique dans les sociétés humaines*, Paris, La Dispute, 2007.

Bravard J.-P., Petit F., *Les Cours d'eau, dynamique du système fluvial*, Paris, Armand Colin, 1997.

Carré C., Deutsch J.-C., *L'Eau dans la ville. Une amie qui nous fait la guerre*, Paris, Éditions de l'Aube, Coll. Bibliothèque des territoires, 2015.

Cornut P., *Histoires d'eaux. Les enjeux de l'eau potable au xxie siècle en Europe occidentale*, Bruxelles, Luc Pire, 2003.

Cosandey C., Robinson M., *Hydrologie continentale*, Paris, Armand Colin, 2012.

Euzen A., Jeandel C., Mosseri R. (dir.), *L'Eau à découvert*, Paris, CNRS Editions, 2015.

Hellier E., Carré C., Dupont N., Laurent F., Vaucelle S., *La France : la ressource en eau. Usages, gestions et enjeux territoriaux*, Paris, Armand Colin, 2009.

Jaglin S., *Services d'eau en Afrique subsaharienne*, Paris, CNRS éditions, 2005.

Laganier R., Arnaud-Fassetta G., Dacharry M. (dir.), *Les Géographies de l'eau. Processus, dynamique et gestion de l'hydrosystème*, Paris, L'Harmattan, 2009.

Lasserre F., Brun A., *Gestion de l'eau. Approche territoriale et institutionnelle*, Sainte-Foy, PUQ, 2012.

Malavoi J-R., Bravard J.-P., *Éléments d'hydromorphologie fluviale, Office national de l'eau et des milieux aquatiques,* 2010 (http://www.onema.fr/hydromorphologie-fluviale).

Margat J., Ruf T., *Les Eaux souterraines sont-elles éternelles ?*, Versailles, Quae, 2014.

ONU, UN World Water Development Report, *Les Eaux usées : une ressource inexploitée*, 2017 (http://www.unesco.org/new/fr/natural-sciences/environment/water/wwap/wwdr/2017-wastewater-the-untapped-resource/).

Paquerot S., *Eau douce. La nécessaire refondation du droit international*, Sainte-Foy, PUQ, 2005.

Petrella R. (dir.), *L'Eau, res publica ou marchandise ?*, Paris, La Dispute, 2003.

Raison J.-P., Magrin G., *Des fleuves entre conflits et compromis : essais d'hydropolitique africaine,* Paris, Khartala, 2009.

Smets H., *Le Droit à l'eau potable et à l'assainissement en Europe*, Paris, Johanet, 2012.

Smets H., *La Tarification progressive de l'eau potable*, Paris, Johanet, 2011.

Schneier-Madanes G. (dir.), *L'Eau mondialisée : la gouvernance en question*, Paris, La Découverte, 2010.

網路資訊

全球性議題

Aquafed, The International Federation of Private Water Operators : http://www.aquafed.org/

FAO, Aquastat : http://www.fao.org/nr/water/aquastat/main/indexfra.stm

International Water Management Institute : http://www.iwmi.cgiar.org/

OMS & Unicef, Joint Monitoring Programme for Water Supply and Sanitation : http://www.wssinfo.org/

Réseau international des organismes de Bassin : http://www.riob.org/

Unesco, Programme mondial pour l'évaluation des ressources en eau (WWAP) : http://www.unesco.org/water/wwap/index_fr.shtml

Unesco, Water Information Network System (IHP-WINS) : http://en.unesco.org/ihp-wins

UN Water : http://www.unwater.org/

World Resources Institute (WRI), Earth Trends : http://earthtrends.wri.org

法國水資源議題

Eau France : http://www.eaufrance.fr/

Agences de l'eau en France : http://www.lesagencesdeleau.fr/

Eau de Paris : http://www.eaudeparis.fr/

重要詞彙

ANASTOMOSE
網狀流路
一種河流型態，是由不同的水道交織出來的複雜網絡形狀，俯看會讓人想到一條辮子。

AQUIFÈRE
含水層
以岩石學的角度來說，這是一種透水層，地下水在此匯集，且能達到足具開發價值的水量。

ARÉIQUE
無河區
一個乾燥枯旱的地區，地表上沒有任何水流痕跡。

BASSIN VERSANT
流域
提供某條河流水源，且透過此河流排水的地理區域。整個流域以河流為中心，其界線即水系的分水嶺，並依此與相鄰的流域區隔。法文的同義詞是bassin hydrographique。

CAPACITÉ AU CHAMP · CAPACITÉ DE RÉTENTION
田間含水量 · 保水量
土壤的毛細孔所能貯留的水量

CHARGE SOLIDE
固體沉積物
流水所運載的固體物質，這些固體物質或者溶解水中、或成為水中懸浮物、或為水底的沉積物。

COEFFICIENT MENSUEL DE DÉBIT
月流量係數
根據某單月流量和該年平均流量所計算出來的比值。

CRUE
洪水
指一個水道的流量突然又劇烈的上漲，造成水位上升，因此在洪泛區內造成漫溢之情形。

CRYOSPHÈRE
冰雪圈
在高緯度地區或是高海拔地區，因為低溫而出現冰雪或凍原的地帶。

DÉBIT
流量
指一段既定時間內的水流量，通常以每秒的公升數、每秒的立方公尺數、或者每年的立方公里數來表達。

DÉBIT RÉSERVÉ
生態基準流量
為了維持生態系統的運作所應該保持的最低流量，一般是針對水壩下游的河川所計算的。

ENDÉMISME
特有性
當某生物的分布範圍僅限於某一個區域時，該生物所具有的特徵。

ENDORÉIQUE • EXORÉIQUE
內流區 · 外流區
當一個區域的流水是流向內部與海洋不相連的窪地時，這個區域就稱為內流區。相反的，當一個流域的流水是流向海洋時，就稱為外流區。

ÉVAPOTRANSPIRATION
蒸發散作用
此一現象包含地表開放水面（例如湖泊）的蒸發作用（évaporation）以及主要由植物進行的生物性蒸散作用（transpiration）。

EXSURGENCE
噴泉、湧泉
這是指地下流水溢出地表所形成的水源。

INLANDSIS
極地冰原、大陸冰川
覆蓋格陵蘭和南極等極地地區的冰蓋。

KARST
喀斯特地形
因為溶解、沉澱、溶蝕的作用，而在可溶性岩石（石灰岩、石膏、白雲岩等等）上造成的地貌。

LIT MAJEUR OU LIT D'INONDATION
高灘地、洪泛區
河谷在洪水來襲時被淹沒的部分。洪泛區的界線相等於史上記載水位最高的地方。

LIT MINEUR
低水河槽
河谷中最低的水道，是此一河流經常性流動的範圍。

MODULE
歷年年平均流量
一條河流在一段長時間內的平均流量（一般以三十年來計算）。

NAPPE PHRÉATIQUE
地下水層
因為雨水滲入岩層中而形成的含水層，通常是泉水和水井的來源。

PERCOLATION
入滲作用
液體緩慢穿過土壤間隙的過程。

PERGÉLISOL
永凍層
極地呈現經常性結凍狀態的岩層或是土層。法文的同義詞是permafrost。

RÉSERVE UTILE
有效水份含量
這是指地層中可供植物吸收生長的含水量。

RÉSURGENCE
再現泉
地下河水重新冒出地表的現象。

RÉTROACTION（BOUCLES DE RÉTROACTION）
回饋（回饋循環）
當結果反過來影響其動因時，稱之為回饋。當結果強化動因時，稱為正面回饋循環，若使動因減弱，則稱之為負面回饋循環。

RIPISYLVE
濱水帶
河流沿岸有植物生長的地帶。

RÉSILIENCE
韌性、回復力
一個生態系統遭受干擾後恢復到原先狀態的能力。

本詞彙表之編寫參考《環境與地球科學多媒體／多語詞典》（*Dictionnaire multilingue et multimédia de l'environnement et des sciences de la terre,* Iasi(Roumanie), Azimuth, 2005.）

【方輿】叢書 ii

水資源的世界地圖：保護與共享人類的共同資產

作　　者／　大衛．布隆雪（David Blanchon）
譯　　者／　陳秀萍
製　　圖／　歐瑞麗．勃西耶（Aurélie Boissière）
審　　閱／　國立師範大學地理學系助理教授　李宗祐
主　　編／　石武耕
責任編輯／　陳郁雯
美術設計／　拓樸藝術設計工作室　高一民
電腦排版／　辰皓國際出版製作有限公司

出　　版／　無境文化事業股份有限公司
精神分析系列　總策劃／楊明敏
人文批判系列　總策劃／吳坤墉
802高雄市苓雅區中正一路120號7樓之1
e-mail：edition.utopie@gmail.com

總 經 銷／　大和圖書書報股份有限公司
248 新北市新莊區五工五路2號　tel：(02)8990-2588

初　　版／　2018年12月
定　　價／　380 元

ISBN　978-986-96017-4-0

Original title／
Atlas mondial de l'eau : défendre et partager notre bien commun

ISBN-13: 978-2746746091

水資源的世界地圖：保護與共享人類的共同資產 /
大衛．布隆雪（David Blanchon）著；
歐瑞麗．勃西耶（Aurélie Boissière）製圖；陳秀萍譯. -- 初版. -- 高雄市：無境文化, 2018.12
面；　公分. -- (方輿叢書；2)
譯自：Atlas mondial de l'eau : Défendre et partager notre bien commun
ISBN 978-986-96017-4-0(精裝)
1.水文學 2.水資源管理 3.主題地圖
351.7　　**107018829**